Katrin Barth
Sabine Müller

Mathe
aktiv und *anschaulich* vermitteln

Neue Zugänge zu allen Lehrplanthemen
der *Sekundarstufe I*

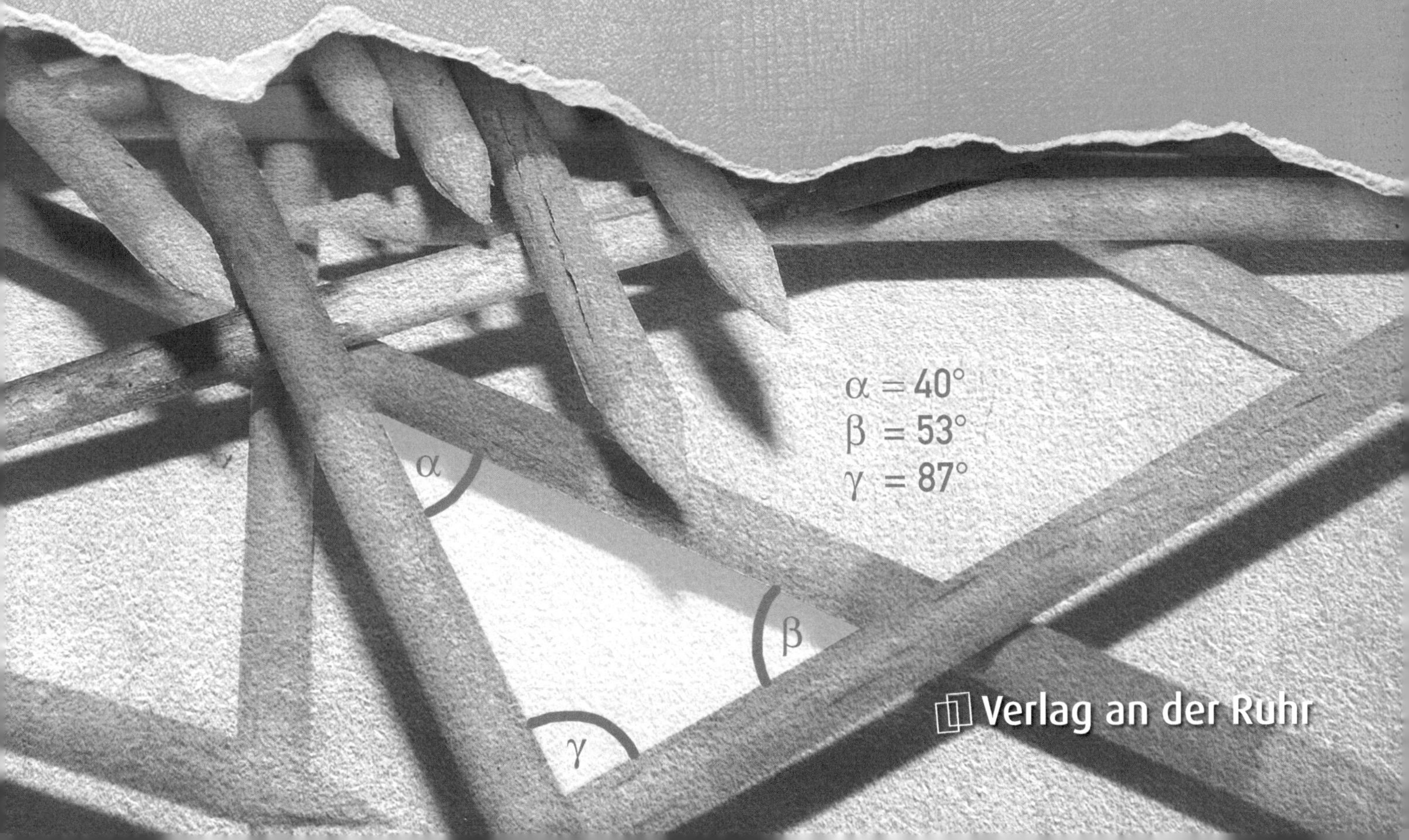

$\alpha = 40°$
$\beta = 53°$
$\gamma = 87°$

γ
α
β
γ

Verlag an der Ruhr

Impressum

Titel
Mathe aktiv und anschaulich vermitteln
Neue Zugänge zu allen Lehrplanthemen der Sekundarstufe I

Autorinnen
Katrin Barth, Sabine Müller

Titelbildmotiv
Von Fotolia.com: Mikado © PanOptika, abgerissener Zettel © leksustuss

Grafiken und Fotos
Katrin Barth, Sabine Müller
Die mathematischen Grafiken in diesem Band wurden mithilfe
der Geometrie-Software Geogebra (www.geogebra.org) erstellt.

 **Verlag an der Ruhr**
Mülheim an der Ruhr
www.verlagruhr.de

Geeignet für die Klassen 5–10

Unser Beitrag zum Umweltschutz:
Wir sind seit 2008 ein ÖKOPROFIT®-Betrieb und setzen uns damit aktiv für den Umweltschutz ein.
Das ÖKOPROFIT®-Projekt unterstützt Betriebe dabei, die Umwelt durch nachhaltiges Wirtschaften
zu entlasten. Unsere Produkte sind grundsätzlich auf chlorfrei gebleichtes und nach Umweltschutz-
standards zertifiziertes Papier gedruckt.

© **Verlag an der Ruhr 2013**
ISBN 978-3-8346-2400-0

Printed in Germany

Inhaltsverzeichnis

Inhaltsverzeichnis

S Stochastik

Liebe Kollegen*,

Mathematik aktiv und anschaulich vermitteln – was bedeutet das eigentlich? Dass gerade dieses Fach für viele Schüler besonders schwer zugänglich ist und häufig Frust erzeugt statt Spaß macht, ist ein bekanntes Problem. Natürlich kann man die Mathematik nicht neu erfinden, aber man kann in der Vermittlung des Lernstoffs neue Wege beschreiten. Anknüpfend an den Grundschulunterricht mit seiner **kreativen, spielerischen und anschaulichen Herangehensweise** wollen auch in der Sekundarstufe **alle Lerntypen angesprochen** und **Inhalte aktiv erfahren und begriffen** werden.

Die Idee dieses Buches ist es daher, das trockene Regelpauken, frustrierende Päckchenrechnen und lange Stillsitzen durch **handlungsorientierte, motivierende Einheiten** zu durchbrechen und gleichzeitig **zielgerichtet sowohl inhaltsbezogene als auch prozessbezogene Kompetenzen zu fördern.** So verschaffen Sie Ihren Schülern **neue Zugänge zum Lernstoff** und helfen ihnen durch die **Verknüpfung von Inhalten mit Bewegung** bei der **langfristigen Festigung** des Gelernten.

Die 76 praxiserprobten Einheiten sind nach den vier großen Inhaltsthemen Arithmetik/Algebra, Funktionen, Geometrie und Stochastik gegliedert und decken **alle wichtigen Lehrplanthemen** der gesamten **Sekundarstufe I** ab. Dabei gibt es zu jedem Thema jeweils eine **Verstehenseinheit** zur Erarbeitung und eine **Übungseinheit** zum Festigen. Die genauen Angaben der jeweils geförderten **Kompetenzen** erleichtern Ihnen die Auswahl und ergänzende **Differenzierungstipps** ermöglichen es Ihnen, die Einheiten passgenau auf Ihre Lerngruppe oder auch einzelne Schüler anzupassen.

Wir freuen uns, dass auch Sie den Weg zu einem lebendigeren Unterricht einschlagen möchten, und wünschen Ihnen und Ihren Schülern viel Freude mit diesem Buch.

Katrin Barth und Sabine Müller

---

* *Aus Gründen der besseren Lesbarkeit haben wir in diesem Buch durchgehend die männliche Form verwendet. Natürlich sind damit auch immer Frauen und Mädchen gemeint, also Lehrerinnen, Schülerinnen etc.*

Zum Aufbau des Buches

Das Buch gliedert sich in **vier Großkapitel**:

[A] **Arithmetik/Algebra**

[F] **Funktionen**

[G] **Geometrie**

[S] **Stochastik**

Innerhalb der Kapitel finden Sie zu allen wichtigen Lehrplanthemen je eine **Verstehenseinheit**, mit der Sie das Thema neu einführen können, und eine **Übungseinheit**, in der die Schüler das Gelernte anwenden und festigen.
Jede Einheit beginnt mit einem **Infokasten**, der für eine schnelle Übersicht die wichtigsten Informationen zusammenfasst:

- **inhaltsbezogene Kompetenzen**
  → genaue Angabe, worauf die Einheit abzielt

- **prozessbezogene Kompetenzen**
  → genaue Angabe, worauf die Einheit abzielt; aus Platzgründen wurden hier Abkürzungen verwendet, die Sie mithilfe der Übersichtstabelle im Anhang (S. 167) entschlüsseln können

- **besonderer Ort**
  → falls nicht nur der Klassenraum benötigt wird

- **Sozialform**
  → **EA** = Einzelarbeit, **PA** = Partnerarbeit, **GA** = Gruppenarbeit, **KU** = Kursunterricht
  Bei der Gruppenarbeit kann es vorkommen, dass die angegebene Gruppengröße aufgrund der Gesamtschülerzahl nicht möglich ist. In diesem Fall können einzelne Aufgaben auch von mehreren Schülern bearbeitet werden.

- **benötigte Zeit**
  → die angegebene Zeit bezieht sich auf die Durchführung der Einheit (die eventuell notwendige Erstellung von besonderen Materialien ist hier nicht mit eingerechnet)

- **benötigtes Material**
  → pro **Gr** = pro Gruppe, pro **S** = pro Schüler, **KV** = Kopiervorlage (direkt im Anschluss an die Einheit), **BKV** = Blanko-Kopiervorlage (S. 166; dieses leere Raster soll Ihnen die Erstellung von einfachen Zahlen-/Aufgabenkarten etc. erleichtern)
  Einige Materialien werden immer wiederkehrend benötigt. Hierzu zählen Würfel (maximal 18 pro Einheit), Wäscheklammern (in zwei Farben), kleine undurchsichtige Säckchen (maximal 9 pro Einheit), 250 Jetons (in maximal 5 Farben), Wäscheleine/Flatterband, Kreppband, verschiedene Bälle, Schaschlik- oder Mikadostäbe.

Danach folgt eine **genaue Beschreibung** der Einheit, unterteilt in **Vorbereitung** und **Verlauf**. Abschließend finden Sie unter dem Punkt **Differenzierung** Tipps, wie Sie die Einheit für stärkere oder schwächere Schüler sinnvoll variieren und dem Leistungsstand anpassen können.

Die **Kopiervorlagen (KV)**, auf die in der Materialliste verwiesen wird, befinden sich immer direkt bei der Einheit. Wenn einzelne Teile ausgeschnitten werden müssen, ist dies durch eine gestrichelte Linie dargestellt.

Im Anhang des Buches finden Sie die **Blanko-Kopiervorlage (BKV)** und die **tabellarische Übersicht der prozessbezogenen Kompetenzen** zum Nachschlagen der Abkürzungen aus den Infokästen.

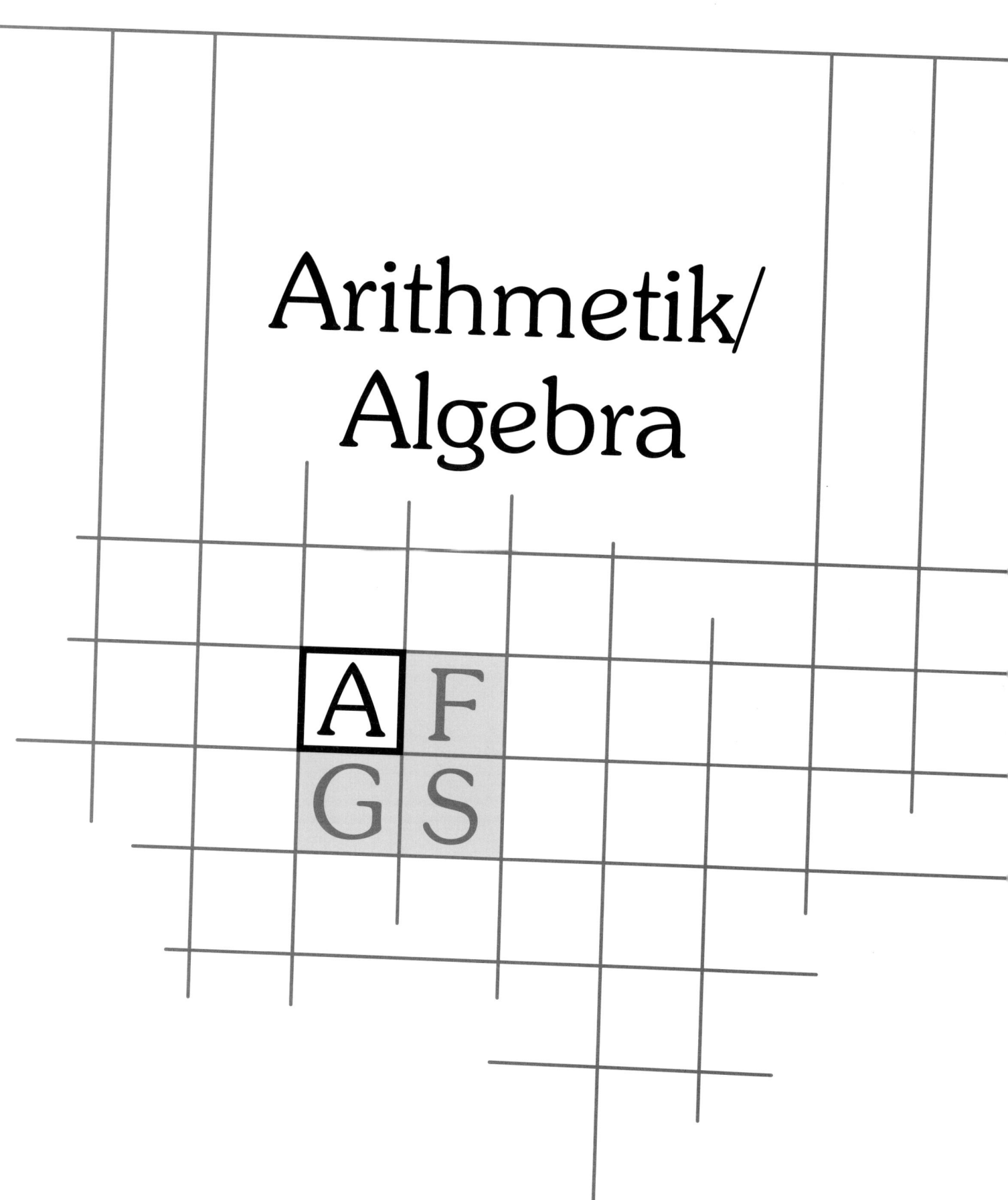

Arithmetik/ Algebra

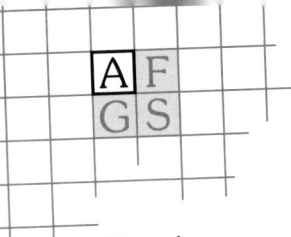

Längen-, Flächen- und Volumen-Einheiten –
Stückchen für Stückchen

Inhaltsbezogene Kompetenz:
Darstellen von Größen in Sachsituationen mit geeigneten Einheiten; systematisches Bestimmen von Anzahlen

Prozessbezogene Kompetenz:
AK04, M01, M02

Ort: Klassenraum und Schulhof/Sportplatz

Sozialform: KU

Zeit: 30 min

Material:
Längen: Zentimetermaß (einen abgeschnittenen Zentimeter), 9 Zuckerstückchen, 9 Kassetten/Holzstäbe o. Ä. (à 10 cm), 1 Maßband;
Flächen: Millimeterpapier (1 cm² ausgeschnitten), 101 Zettelblock-Blätter (10 x 10 cm), ggf. Zauberschnur o. Ä. (mind. 20 m);
Volumen: 1 Würfel (1 x 1 cm), 1 ganzer Zettelblock (10 x 10 x 10 cm), 12 Meterstücke Flatterband oder 12 Gymnastikstäbe (à 1 m)

VORBEREITUNG Die Materialien werden bereitgelegt. Die Längen- und Flächeninhalts-Einheiten werden auf dem Schulhof oder auf dem Sportplatz erarbeitet, die Volumen-Einheiten im Klassenraum.

VERLAUF **Längen** – Die Schüler legen die Materialien nach und nach zu einer Strecke zusammen:

- Der erste Zentimeter wird durch einen Zentimetermaßabschnitt mit Millimeterangabe dargestellt. Die Schüler lesen ab, dass 1 cm = 10 mm sind.
- Die nächsten neun Zentimeter werden mit neun Zuckerstückchen angelegt, sodass ein Dezimeter entsteht. Es ist abzulesen, dass 1 dm = 10 cm sind.
- Die nächsten 90 Zentimeter werden durch neun 10 cm lange Holzstäbe oder Kassetten gelegt, sodass klar wird: 1 m = 10 dm.
- 10 Meter können dargestellt werden, indem nach jedem Meter ein Schüler mit gegrätschten Beinen steht. Bei 100 Metern stellt sich alle 10 Meter ein Schüler auf (hier kommt das Maßband zum Einsatz).
- Am Ende werden gemeinsam die Umrechnungszahlen bestimmt (siehe Merkkasten).

Flächen – Die Schüler legen aus den Materialien nach und nach die verschiedenen Flächen nebeneinander auf den Boden.

- Der erste Quadratzentimeter wird durch Millimeterpapier dargestellt. Die Schüler lesen ab, dass 1 cm² = 10 mm² sind.
- Ein Quadratdezimeter wird durch ein Zettelblock-Blatt dargestellt. Darauf werden mit einem Stift die einzelnen Quadratzentimeter angedeutet, sodass klar wird: 1 dm² = 100 cm².
- Ein Quadratmeter wird durch 10 x 10 Zettelblock-Blätter dargestellt.

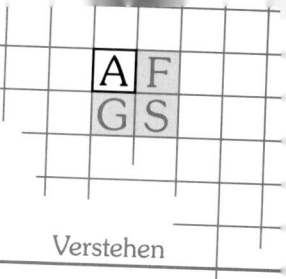
- Für die Darstellung eines Ar stellen sich zehn Schüler in Grätsch-position Fuß an Fuß nebeneinander (je 1 m auseinander). Rechtwink-lig dazu bilden weitere zehn Schüler die zweite Seitenlinie des Quadrates. Die vierte Ecke wird durch einen weiteren Schüler gekennzeichnet (zur besseren Verdeutlichung der Fläche können die noch fehlenden Seiten durch eine Zauberschnur o. Ä. gelegt werden).
- Ein Hektar und ein Quadratkilometer werden nicht aufgestellt. Gegebenenfalls wird noch ein halber Hektar durch Schüler und Hütchen dargestellt.
- Am Ende werden gemeinsam die Umrechnungszahlen bestimmt.

Körper – Die Schüler bauen aus den Materialien nach und nach die einzelnen Körper nebeneinander auf.

- Ein Kubikzentimeter wird durch einen Würfel dargestellt. An dieser Stelle kann der Kubikmillimeter entweder nur erläutert oder durch ein Modell gezeigt werden.
- Der Kubikdezimeter wird durch einen Zettelbock veranschaulicht.
- Der Kubikmeter wird mithilfe von Flatterband (Meterstücke) oder Gymnastikstäben (1 m Länge) gebaut. Dazu halten acht Schüler das Material an den Ecken zusammen.
- Am Ende werden gemeinsam die Umrechnungszahlen bestimmt.

DIFFERENZIERUNG Zur Veranschaulichung der Längeneinheiten kann auch ein Kilometer begreifbar gemacht werden: Dazu wird ein Startpunkt markiert. Die Strecke wird mit den Schülern gemeinsam abgelaufen: Der erste Schüler hat dabei ein 20 m langes Band in der Hand. Der nächste Schüler reiht sich an usw. (Abstand immer 20 m). Dies wird so lange wiederholt, bis ein Kilometer abgemessen ist (die ersten Schüler schließen sich am Ende wieder an). Alternativ kann die Strecke im Vor-feld durch die Lehrperson abgemessen werden, sodass die Schüler einen Kilometer joggen.

$$1\,km \xrightarrow{:1000} 1\,m \xrightarrow{:10} 1\,dm \xrightarrow{:10} 1\,cm \xrightarrow{:10} 1\,mm$$

1 km = 1000 m, 1 m = 10 dm, 1 dm = 10 cm, 1 cm = 10 mm

$$1\,km^2 \xrightarrow{:100} 1\,ha \xrightarrow{:100} 1\,a \xrightarrow{:100} 1\,m^2 \xrightarrow{:100} 1\,dm^2 \xrightarrow{:100} 1\,cm^2 \xrightarrow{:100} 1\,mm^2$$

1 km² = 100 ha, 1 ha = 100 a, 1a = 100 m², 1 m² = 100 dm², 1 dm² = 100 cm², 1 cm² = 100 mm²

$$1\,m^3 \xrightarrow{:1000} 1\,dm^3 \xrightarrow{:1000} 1\,cm^3 \xrightarrow{:1000} 1\,mm^3$$

1 km³ = 1 000 000 000 m³, 1 m³ = 1000 dm³, 1 l = 1 dm³ = 1000 cm³, 1 ml = 1 cm³ = 1000 mm³

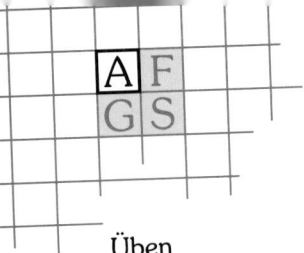

Längen-, Flächen- und Volumen-Einheiten –
Einheiten-Memory®

Inhaltsbezogene Kompetenz:
Darstellen von Größen mit geeigneten Einheiten;
Anwenden von arithmetischen Kenntnissen bzgl.
Zahlen und Größen

Prozessbezogene Kompetenz:
AK04, AK07, P04

Sozialform: GA

Zeit: 20 min

Material: Memory®-Karten (BKV, S. 166)

VORBEREITUNG

Die BKV wird von der Lehrperson mit Längen-, Flächeninhalts- und Volumenmaßen beschriftet. Dabei passen immer zwei Karten zusammen (vgl. Beispiel unten). Diese 28 Karten werden entsprechend der Gruppenanzahl vervielfältigt und ausgeschnitten.
Zur Gruppeneinteilung können die Memory®-Karten genutzt werden: Jeder Schüler erhält eine Karte und alle Schüler mit der gleichen Einheit bilden eine Gruppe.
Jede Gruppe erhält einen Satz Memory®-Karten.

VERLAUF

- Die Memory®-Karten werden in der Gruppe gemischt und verdeckt auf dem Tisch ausgelegt.
- Der erste Schüler deckt zwei Memory®-Karten auf, sodass alle anderen diese sehen und sich merken können. Haben die Karten den gleichen Wert, behält er das Pärchen und darf erneut zwei Karten aufdecken. Passen die Karten nicht zusammen, werden sie wieder zugedeckt und der nächste Schüler ist an der Reihe.
- Der Schüler mit den meisten Pärchen gewinnt.

DIFFERENZIERUNG

- Je nach Leistungsstärke einer Gruppe kann das Memory® Pärchen aus einem, zwei oder allen drei Bereichen (Längen-, Flächeninhalts- oder Volumen-Einheiten) beinhalten.
- In besonders starken Gruppen kann das Memory® mit weiteren Einheiten, wie z. B. Zeitspannen oder Gewichtseinheiten, erweitert werden.

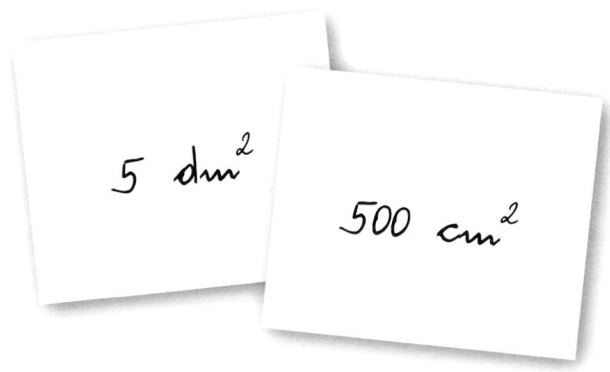

Grundrechenarten –
Fachliches Partnertreffen

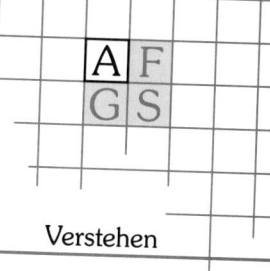

Inhaltsbezogene Kompetenz:
Systematisieren von Fachausdrücken

Prozessbezogene Kompetenz:
AK02, AK03, AK04

Sozialform: KU, GA (4er-Gruppen)

Zeit: 15 min

Material: 1 Papierstreifen pro S, Kreppband

VORBEREITUNG

Voraussetzung ist die Kenntnis der Fachausdrücke der Grundrechenarten. Die Lehrperson schreibt auf jeden Papierstreifen einen der 16 Fachausdrücke (z. B. „Subtraktion", „Minuend", „Subtrahend" und „Differenz"; im Idealfall ist die Schülerzahl durch vier teilbar, dann sollten immer vollständige Begriffs-„Quartette" entstehen) und klebt jedem Schüler einen Streifen verdeckt auf den Rücken. Der Klassenraum wird in zwei Spielfelder geteilt und je einer der beiden Durchführungsphasen (s. u.) zugeordnet.

VERLAUF

Addition
1. Summand **+** 2. Summand
= Summe

Subtraktion
Minuend **–** Subtrahend
= Differenz

Multiplikation
1. Faktor **·** 2. Faktor
= Produkt

Division
Dividend **:** Divisor
= Quotient

Phase 1: Wer bin ich?
- Die Schüler bewegen sich in dem zugeordneten Spielfeld. Treffen sie einen Mitschüler, schauen sie sich kurz den Fachausdruck auf dessen Rücken an.
- Die Schüler finden ihren eigenen Fachausdruck heraus, indem sie jedem Partner eine Ja/Nein-Frage stellen (z. B. „Gehöre ich zur Addition?").
- Nach der Antwort suchen sich die Schüler einen neuen Partner.
- Hat ein Schüler seinen Fachausdruck erraten, darf er in das andere Spielfeld wechseln.

Phase 2: Wer sind meine Partner?
- Treffen die Schüler in diesem Spielfeld einen Mitschüler, dürfen sie sich dessen Fachbegriff nicht ansehen, sondern müssen durch Ja/Nein-Fragen herausfinden, ob er einen der drei fehlenden Fachausdrücke der eigenen Grundrechenart verkörpert.
- Hat sich eine Gruppe vollständig gefunden, kleben die Schüler ihren Fachausdruck auf ihren Bauch und stellen sich innerhalb der Gruppe in der richtigen Reihenfolge auf (z. B. Addition, 1. Summand, 2. Summand, Summe).
- Am Ende stellen sich die einzelnen Gruppen vor, während die anderen Schüler dies kontrollieren.

DIFFERENZIERUNG

Als Hilfestellung kann der links stehende Kasten an die Rückseite der Tafel geschrieben werden.

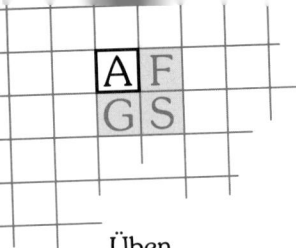

Grundrechenarten –
Weglaufen oder Fangen

Inhaltsbezogene Kompetenz:
Operieren mit Grundrechenarten (Kopfrechnen)

Prozessbezogene Kompetenz:
AK04, P04

Ort: Schulhof

Sozialform: PA

Zeit: 10 min

Material: Kreide

VORBEREITUNG   Alle Schüler stellen sich entlang einer mit Kreide gezogenen Mittellinie, einen Partner anblickend, auf. Zwischen den Schülern auf der einen und der anderen Seite sollten jeweils 2 m Platz sein. Auf einer Seite stehen die „ungeraden" Partner, auf der andere die „geraden". Auf beiden Seiten wird jeweils im Abstand von 10 m eine Ziellinie gezogen.

VERLAUF
- Die Lehrperson stellt eine gerade Anzahl von Aufgaben zu den einzelnen Grundrechenarten. Dabei sollte beachtet werden, dass gerade und ungerade Ergebnisse etwa in gleicher Anzahl vorkommen.
- Die Schüler lösen die Aufgabe im Kopf.
- Ist das Ergebnis eine gerade Zahl, muss der „ungerade" Partner den „geraden" Partner fangen, bevor dieser die eigene Ziellinie (hinter sich) erreicht hat. Fängt der „ungerade" Partner den „geraden" rechtzeitig, erhält er einen Punkt.
- Ist das Ergebnis eine ungerade Zahl, gilt es entsprechend umgekehrt.
- Wer am Ende die meisten Punkte hat, gewinnt.

DIFFERENZIERUNG
- Alle Punkte einer Seite werden am Ende addiert, sodass zwei Großgruppen gegeneinander spielen („ungerade" gegen „gerade" Seite).
- Schwieriger wird es, wenn die Lehrperson Aufgaben mit zwei (verschiedenen) Rechenoperationen stellt.

„gerade"
Schüler

„ungerade"
Schüler

Ziellinie   Mittellinie   Ziellinie

Teilbarkeitsregeln –
Markt der Teilbarkeiten

Inhaltsbezogene Kompetenz:
Bestimmen von Teiler und Vielfachen und Anwenden von Teilbarkeitsregeln, Ausführen von Grundrechenarten (schriftliche Rechenverfahren) mit natürlichen Zahlen

Prozessbezogene Kompetenz:
AK02, AK07, P04, P06

Sozialform: EA (mit 6 Experten)

Zeit: 20 min

Material:
Aufgabenkarten mit drei- und vierstelligen Zahlen (BKV, S. 166), Ratekarten (BKV, S. 166)

VORBEREITUNG

Die Lehrperson erläutert zwei Experten die Teilbarkeitsregeln für die Zahlen 2 und 8 und je zwei weiteren Experten für die Zahlen 4 und 25 bzw. 5 und 10. Die Namen der Experten und ihre zugehörigen Teilbarkeitszahlen werden an der Tafel notiert. Nun werden sechs 4er-Tische aufgestellt: je ein 4er-Tisch für die Teilbarkeit durch 2 und 8 sowie 3 und 9 (Lehrertisch), je zwei 4er-Tische für 4 und 25 sowie 5 und 10. Alle Tische werden deutlich mit den zwei Zahlen gekennzeichnet, und auf die 4er-Tische werden je zehn verschiedene von der Lehrperson erstellte Aufgabenkarten gelegt, auf denen jeweils eine drei- oder vierstellige Zahl steht (es sollte möglichst wenige Karten geben, deren Zahlen nicht durch beide „Tischzahlen" teilbar sind). Der Lehrertisch wird mit zehn besonderen Ratekarten ausgestattet (siehe Beispiel): Hier müssen die Schüler später entweder die fehlende Ziffer oder den Rest erraten, um die Teilbarkeitsregeln herauszufinden.

$235\_$
$R: 3$

Die einzusetzende Zahl ist 2 (Quersumme = 12), bei 12 : 9 bleibt der Rest 3.

VERLAUF

- Die Schüler (auch die Experten) gehen jeder für sich an die einzelnen Tische und dividieren schriftlich die auf den 4er-Tischen liegenden Zahlen durch die entsprechenden Teilbarkeitszahlen. Durch Vergleichen der teilbaren Zahlen entdecken sie die Teilbarkeitsregeln.
- Am Lehrertisch müssen sie stattdessen, wie bei den Beispiel-Karten links beschrieben, die fehlende Ziffer oder den Rest erraten, um zur Regel der Teilbarkeit durch 3 und 9 zu gelangen.
- Sobald ein Schüler eine Teilbarkeitsregel herausgefunden hat, teilt er sie dem entsprechenden Experten (bzw. der Lehrperson) mit. Ist die Teilbarkeitsregel richtig, notiert sich der Schüler diese.

2369
$R: \_$

Die Quersumme ist 20, bei 20 : 9 bleibt der Rest 2.

DIFFERENZIERUNG

- Die Schüler, die eine Teilbarkeitsregel bei einem Experten richtig erläutert haben, werden ab jetzt auch Experten.
- Der Lehrertisch mit den Teilbarkeiten durch 3 und 9 kann auch von zwei Schülern betreut werden.
- Es gibt keine Experten, die Lehrperson kontrolliert alle Teilbarkeitsregeln.

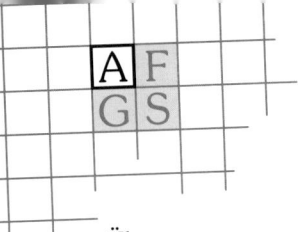

Teilbarkeitsregeln –
Teilbarkeitssalat

Inhaltsbezogene Kompetenz:
Anwenden der Teilbarkeitsregeln und der arithmetischen Kenntnisse von Zahlen und Größen

Prozessbezogene Kompetenz:
AK04, P03, P04

Sozialform: KU (Stuhlkreis)

Zeit: 10 min

Material: Zahlenkarten (BKV, S. 166)

VORBEREITUNG

Die Lehrperson erstellt zunächst mithilfe der BKV einen Satz Zahlenkarten: Auf jeder Karte steht dabei eine Zahl zwischen 1 und 100,
wobei die Zahlen möglichst viele Teiler haben sollten (z. B. 48).
Die Schüler sitzen im Stuhlkreis, wobei ein Stuhl zu wenig im Kreis
steht. Der Schüler ohne Stuhl stellt sich in die Mitte des Kreises.
Jeder Schüler (auch der stehende) zieht blind eine Zahlenkarte.

VERLAUF

- Der in der Mitte stehende Schüler nennt eine Zahl zwischen 2 und 25.
- Jeder Schüler, dessen Karten-Zahl durch die genannte Zahl teilbar
  ist, steht auf und muss sich schnell einen neuen Sitzplatz suchen.
  Allerdings sucht sich auch der in der Mitte stehende Schüler einen
  Stuhl von denjenigen, die aufgestanden sind.
- Der neue Sitzpartner zur Linken kontrolliert, ob der Schüler seinen
  Platz überhaupt wechseln durfte.
- Wer keinen Platz findet, bleibt in der Mitte stehen und gibt die
  nächste Zahl vor.

DIFFERENZIERUNG

Es können auch weitere Zahlenkarten mit Teilbarkeitszahlen angefertigt
werden, die der jeweils in der Mitte stehende Schüler erhält, um eine
neue Zahl anzusagen.

Vorrangregeln –
Der Weg ist das Ziel

Inhaltsbezogene Kompetenz:
Nutzen von Strategien für Rechenvorteile,
Anwenden der arithmetischen Kenntnisse von
Zahlen und Größen

Prozessbezogene Kompetenz:
AK07, P02, P06, M01

Sozialform: EA, GA

Zeit: 45 min

Material:
Stoppschilder mit Lösungen (KV 1), Aufgaben-
streifen (KV 2), Wäscheklammern im Klassensatz,
Schnur/Flatterband o. Ä., 5 Säckchen

VORBEREITUNG

An einer Wand des Klassenraums wird eine Schnur gespannt.
Daran werden in gleichmäßigen Abständen die vergrößerten Stopp-
schilder von 1 bis 5 so befestigt, dass die Lösungen auf der Rückseite
zur Wand zeigen (nach dem Ausschneiden einfach umklappen). Die
Aufgabenstreifen werden im Klassensatz kopiert und ausgeschnitten
(lediglich der Streifen zu Stoppschild 2 mit der Beschreibung zum
„Gordischen Knoten" muss nur einmal ausgeschnitten werden).
An/neben die Stoppschilder wird jeweils ein Säckchen mit den dazu-
gehörigen Aufgabenstreifen gehängt.
Schließlich klemmt jeder Schüler eine mit seinem Namen versehene
Wäscheklammer an das erste Stoppschild.

VERLAUF

- Jeder Schüler zieht am ersten Stoppschild einen Aufgabenstreifen
  aus dem Säckchen und bearbeitet diesen an seinem Platz.
- Ist ein Schüler fertig, vergleicht er seine Ergebnisse selbstständig
  am Stoppschild mit den Lösungen.
- Nun befestigt der Schüler seine Klammer am nächsten Stoppschild
  und nimmt sich den nächsten Aufgabenstreifen. So geht es weiter,
  bis er alle Stoppschilder abgearbeitet hat.
- Für das Stoppschild 2, den „Gordischen Knoten", müssen sich ca.
  sieben Schüler als Gruppe zusammenfinden.
- Beim letzten Stoppschild werden die Rechenschritte in die richtige
  Reihenfolge gebracht (zwei Möglichkeiten). Dadurch entstehen die
  Vorrangregeln.

DIFFERENZIERUNG

- Leichter wird es, wenn das Potenzieren zunächst ausgeklammert
  wird.
- Durch Aufgaben mit kombinierten Vorrangregeln lässt sich der
  Schwierigkeitsgrad steigern.

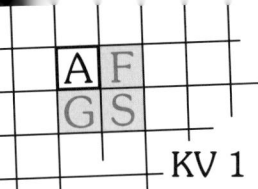
5

Lösung:

T R Q S
V X U W

4

Lösung:

M: 41 – (36 – 13)
N: (12 – 4) · 6
O: (76 – 12) + 16
P: $(4 + 3)^2$

3

Lösung:

E → J
F → L
G → I
H → K

2

– – – –

1

Lösung:

A: 63; 45
B: 48; 11; 25
C: 2; 9; 12
D: 22; 40

© Verlag an der Ruhr | Autorinnen: K. Barth, S. Müller | ISBN 978-3-8346-2400-0 | www.verlagruhr.de

Mathe *aktiv* und *anschaulich* vermitteln

Stoppschild 1: Finde viele verschiedene Ergebnisse. Welches ist richtig?

A $3 + 6 \cdot 7$

Mögliche Lösungen:

_____

B $6 \cdot 7 + 48 : 8$

Mögliche Lösungen:

_____

C $18 : (3 + 6)$

Mögliche Lösungen:

_____

D $2 \cdot 3^2 + 4$

Mögliche Lösungen:

_____

Stoppschild 2: „Gordischer Knoten"

Stellt euch im Kreis auf, streckt die Arme aus und schließt eure Augen. Auf ein Kommando fasst ihr zwei Hände (keine Handgelenke o. Ä.). Öffnet eure Augen, entwirrt euch, ohne loszulassen.

Stoppschild 3: Ordne die Terme den Rechenbäumen zu.

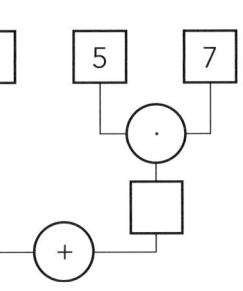

E

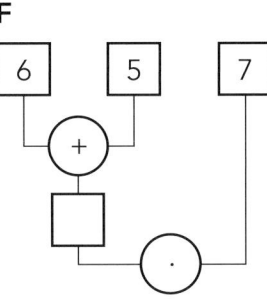

F

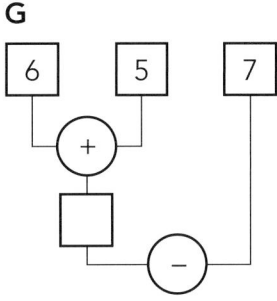

G

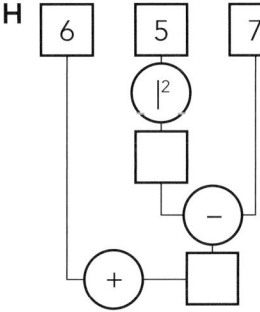

H

I $6 + 5 - 7$

J $6 + 5 \cdot 7$

K $6 + (5^2 - 7)$

L $(6 + 5) \cdot 7$

Stoppschild 4: Stelle den passenden Term auf.

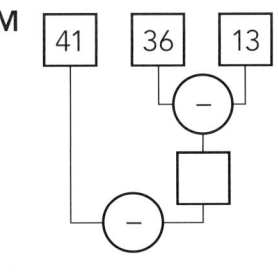

M

Term: _____

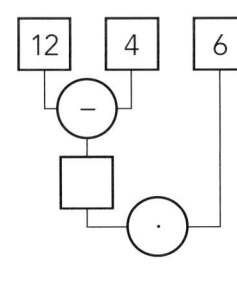

N

Term: _____

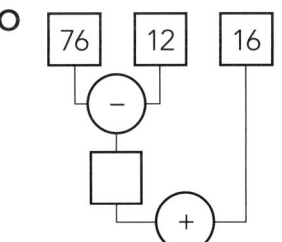

O

Term: _____

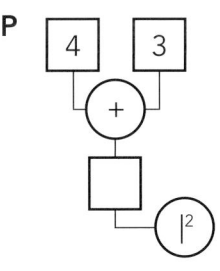

P

Term: _____

Stoppschild 5: Sortiere die Rechenschritte in der richtigen Reihenfolge.

Q	R	S	T
Punkt- vor Strichrechnung	Klammerrechnung	von links nach rechts	Potenzrechnung

U	V	W	X
Punkt- vor Strichrechnung	Klammerrechnung	von links nach rechts	Potenzrechnung

© Verlag an der Ruhr | Autorinnen: K. Barth, S. Müller | ISBN 978-3-8346-2400-0 | www.verlagruhr.de

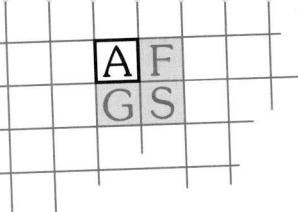

Vorrangregeln –
Achtung, Vorfahrt!

Üben

Inhaltsbezogene Kompetenz:
Nutzen von Strategien für Rechenvorteile,
Anwenden der arithmetischen Kenntnisse von
Zahlen und Größen

Prozessbezogene Kompetenz:
AK02, AK04, AK07, P05

Sozialform: EA

Zeit: 15 min

Material: 112 Aufgabenkarten (BKV, S. 166)

VORBEREITUNG

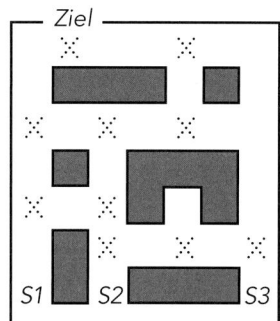

Nach der Erstellung der 112 Aufgabenkarten (z. B. „7 – [3 – (2 –1)]",
„28 + 2^6 : 16") wird auf die Rückseiten die jeweilige Vorrangregel geschrieben (z. B. „Klammern zuerst", „Potenzieren zuerst"). Die Tische
werden zu einem Labyrinth mit zehn Kreuzungen aufgebaut (siehe
Skizze). Mehrere Startpositionen werden markiert und die letzte
Kreuzung führt aus dem Labyrinth hinaus (Ziel). An jeder Kreuzung
wird ein Stapel mit Aufgabenkarten ausgelegt (an der Zielkreuzung
sollten möglichst viele Karten der richtigen Richtung gemäß der „Vorfahrtsregeln" (siehe Kasten) untergemischt sein!). Die Vorfahrtsregeln
werden gut sichtbar an die Tafel oder auf ein Plakat geschrieben.

Vorfahrtsregeln

„Potenzieren zuerst"	→ nach links abbiegen
„Klammern zuerst"	→ nach rechts abbiegen
„Punkt vor Strich"	→ geradeaus gehen
„von links nach rechts"	→ zurück zur alten Kreuzung

VERLAUF

- Die Schüler starten zeitversetzt an einer beliebigen Startposition.
- Kommt ein Schüler an eine Kreuzung, zieht er eine Karte und über-
  legt, welche Vorrangregel als Erstes angewandt werden muss.
  Seine Vermutung kontrolliert er auf der Rückseite und schiebt die
  Karte wieder unter den Aufgabenstapel.
- Ist seine Vermutung richtig, geht er entsprechend der Vorfahrts-
  regeln weiter. Ist seine Vermutung falsch, geht er zurück zur letzten
  Kreuzung.
- Treffen sich zwei Schüler an einer Kreuzung, darf derjenige mit der
  schnellsten richtigen Antwort weiter. Der andere zieht eine neue
  Aufgabenkarte.

DIFFERENZIERUNG

- Der Schwierigkeitsgrad wird schon durch die Aufgabenkarten
  bestimmt.
- Schwieriger wird es, wenn zusätzlich eine Zeit vorgegeben wird.
  Wer bis dahin dem Ziel am nächsten ist oder die meisten Aufgaben
  richtig gelöst hat, gewinnt.

Inhaltsbezogene Kompetenz:
Deuten von Brüchen als Größen und Verhältnisse,
Nutzen des Grundprinzips des Kürzens/Erweiterns
von Brüchen als Vergröbern/Verfeinern der
Einteilung

Prozessbezogene Kompetenz:
P05, P06, M01, M03

Sozialform: EA

Zeit: 30 min

Material: je 3-mal Pizza-Satz A, B, C, D und E
(KV 1), Laufzettel (KV 2)

Pizza-Satz	Pizzastücke in der Tischmitte	rundherum liegende Pizzastücke			
A	1 Hälfte	4 Viertel	6 Sechstel	8 Achtel	12 Zwölftel
B	1 Dreiviertel-Stück	---	---	8 Achtel	12 Zwölftel
C	1 Drittel	---	6 Sechstel	9 Neuntel	12 Zwölftel
D	1 Zweidrittel-Stück	---	6 Sechstel	9 Neuntel	12 Zwölftel
E	1 Vierzwölftel-Stück, 1 Sechszwölftel-Stück, 1 Achtzwölftel-Stück, 1 Neunzwölftel-Stück	2 Hälften	3 Drittel	8 Achtel	---
		4 Viertel	6 Sechstel	9 Neuntel	---

VORBEREITUNG

Die Pizza-Sätze werden je 3-mal in einer angemessenen Größe vervielfältigt (es ist sinnvoll, sie auf festeres Papier zu kopieren) und ausgeschnitten. Die einzelnen Pizzastücke werden dann entsprechend der Tabelle auf 15 Tischen verteilt (es gibt also bspw. drei Tische „A", auf denen jeweils eine halbe Pizza in der Mitte liegt, und rundherum 30 weitere Pizzastücke (4 Viertel, 6 Sechstel, 8 Achtel und 12 Zwölftel) ausgelegt sind). Die Tische müssen deutlich mit dem Buchstaben des ausliegenden Pizza-Satzes gekennzeichnet sein. Die Laufzettel werden im Klassensatz kopiert und jeder Schüler erhält den ersten Laufzettel „Pizzastände 1".

VERLAUF

- Jeder Schüler füllt den ersten Laufzettel aus, indem er in beliebiger Reihenfolge die Tische A bis D aufsucht und mithilfe der ausliegenden Pizzastücke die Aufgaben bearbeitet.
- Anhand der vervollständigten Brüche stellen die Schüler eine Vermutung für die Regel „Erweitern von Brüchen" auf und überprüfen diese.
- Ist ein Schüler fertig, zeigt er seinen Laufzettel der Lehrperson. Nach der Kontrolle erhält der Schüler den zweiten Laufzettel „Pizzastände 2" und bearbeitet die Aufgaben zum Kürzen an einem der Tische mit dem Pizza-Satz E.
- So wird auch eine Vermutung bzw. Regel für das „Kürzen von Brüchen" aufgestellt und überprüft.

DIFFERENZIERUNG

- Das Erweitern und Kürzen kann auch in zwei separaten Einheiten bearbeitet werden.
- Die Schüler stellen selbstständig weitere Pizzavorlagen, z. B. mit Fünfteln und Zehnteln, her.

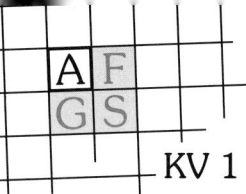
Brüche erweitern/kürzen –
Pizzastücke

Pizzastücke für die Tischmitte:

Satz A (Erweitern):	

Satz B (Erweitern):	

Satz C (Erweitern):	

Satz D (Erweitern):	

Satz E (Kürzen):	

© Verlag an der Ruhr | Autorinnen: K. Barth, S. Müller | ISBN 978-3-8346-2400-0 | www.verlagruhr.de

Pizzastände 2

Besuche einen Tisch E, um die folgenden Aufgaben zu bearbeiten:

1. Nimm eine der unvollständigen Pizzen. Lege diese mit einzelnen Pizzastücken aus. Finde so die Zähler der folgenden Brüche heraus. *Tipp:* Alle Brüche eines Buchstabens sind gleich groß.

E) $\frac{4}{12} = \frac{}{6} = \frac{}{3} = \frac{}{9}$ F) $\frac{6}{12} = \frac{}{6} = \frac{}{4} = \frac{}{2} = \frac{}{8}$

G) $\frac{8}{12} = \frac{}{6} = \frac{}{3} = \frac{}{9}$ H) $\frac{4}{12} = \frac{}{4} = \frac{}{8}$

2. Beschreibe, wie du mithilfe der Pizzastücke von $\frac{6}{12}$ zu $\frac{}{6}$ kommst:

3. Beschreibe, wie du rechnerisch von $\frac{6}{12}$ zu $\frac{}{6}$ kommst:

4. Stelle eine allgemeine Vermutung auf:

5. Überprüfe deine Vermutung rechnerisch anhand des Beispiels
$\frac{8}{12} = \frac{}{3}$:

6. Beschreibe, wie du mithilfe der Pizzastücke von $\frac{6}{12}$ zu $\frac{}{8}$ kommst:

7. Beschreibe, wie du rechnerisch von $\frac{6}{12}$ zu $\frac{}{8}$ kommst:

Pizzastände 1

Besuche in beliebiger Reihenfolge die Tische A, B, C und D, um die folgenden Aufgaben zu bearbeiten:

1. Lege die graue Pizzafläche mit den anderen Pizzastückchen exakt aus. Finde damit die Zähler folgender Brüche heraus. *Tipp:* Alle Brüche eines Buchstabens sind gleich groß.

A) $\frac{1}{2} = \frac{}{4} = \frac{}{6} = \frac{}{8} = \frac{}{12}$ B) $\frac{3}{4} = \frac{}{8} = \frac{}{12}$

C) $\frac{1}{3} = \frac{}{6} = \frac{}{9} = \frac{}{12}$ D) $\frac{2}{3} = \frac{}{6} = \frac{}{9} = \frac{}{12}$

2. Beschreibe, wie du mithilfe der Pizzastücke von $\frac{1}{2}$ zu $\frac{}{8}$ kommst:

3. Beschreibe, wie du rechnerisch von $\frac{1}{2}$ zu $\frac{}{8}$ kommst:

4. Stelle eine allgemeine Vermutung auf:

5. Überprüfe deine Vermutung rechnerisch anhand des Beispiels:
$\frac{2}{3} = \frac{}{12}$:

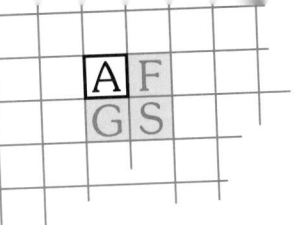

Brüche erweitern/kürzen –
Brüchiger Kartenlauf

Üben

Inhaltsbezogene Kompetenz:
Nutzen des Grundprinzips des Kürzens/Erweiterns
von Brüchen als Vergröbern/Verfeinern der Einteilung, Anwenden der arithmetischen Kenntnisse
von Zahlen

Prozessbezogene Kompetenz:
AK04, AK07, P04

Sozialform: GA (4 Gruppen)

Zeit: 10 min

Material: Gruppen-Bruchkarten und Brüchekarten
(BKV, S. 166)

VORBEREITUNG
Am hinteren Ende des Klassenraumes befindet sich eine Tischreihe,
auf der gut gemischt 36 mithilfe der BVK erstellten Brüchekarten liegen
(siehe Beispiel unten). An der Tafelseite befindet sich eine weitere Tischreihe, hinter der sich die Schüler in vier Gruppen jeweils hintereinander
aufstellen. Jeder Gruppe erhält eine Gruppen-Bruchkarte, die jeweils
einen anderen Bruch beinhaltet (siehe Beispiel unten).

VERLAUF
- Der erste Schüler jeder Gruppe krabbelt unter dem Tisch durch
  und läuft zur hinteren Tischreihe. Dort sucht er eine Brüchekarte
  aus, die den gleichen Wert wie seine Gruppen-Bruchkarte hat.
- Hat er eine gefunden, nimmt er sie mit und legt sie so schnell wie
  möglich auf den Tisch vor der eigenen Gruppe. Anschließend
  krabbelt er wieder unter dem Tisch durch und stellt sich hinten an.
- Der nächste Schüler darf starten, sobald der erste zurückgekrab-
  belt ist.
- Anschließend darf die Gruppe die geholten Brüchekarten auf ihre
  Richtigkeit überprüfen.
- Die Gruppe, die zuerst alle neun zu ihrer Gruppenkarte passenden
  Brüchekarten vor sich auf dem Tisch liegen hat, gewinnt.

DIFFERENZIERUNG
- Es können einfachere/schwierigere Brüchekarten verwendet werden.
- Wenn der am weitesten gekürzte Bruch zur Startkarte wird, müssen
  die Schüler nur Erweitern.
- Die Gruppen erhalten schwierige Bruchkarten (z. B. $\frac{3}{7}$).

36 Brüchekarten:

$\frac{1}{2}, \frac{3}{6}, \frac{7}{14}, \frac{17}{34}, \frac{20}{40}, \frac{21}{42}, \frac{36}{72}, \frac{39}{78}, \frac{50}{100}$

$\frac{1}{3}, \frac{3}{9}, \frac{5}{15}, \frac{10}{30}, \frac{14}{42}, \frac{20}{60}, \frac{24}{72}, \frac{27}{81}, \frac{33}{99}$

$\frac{1}{4}, \frac{3}{12}, \frac{5}{20}, \frac{8}{32}, \frac{13}{52}, \frac{15}{60}, \frac{18}{72}, \frac{20}{80}, \frac{24}{96}$

$\frac{1}{6}, \frac{3}{18}, \frac{4}{24}, \frac{5}{30}, \frac{7}{42}, \frac{10}{60}, \frac{12}{72}, \frac{13}{78}, \frac{15}{90}$

4 Gruppen-Bruchkarten:

$\frac{18}{36}, \frac{12}{36}, \frac{9}{36}, \frac{6}{36}$

Brüche addieren/subtrahieren –
Da, die Gallier in Ägypten – merkste selbst

Inhaltsbezogene Kompetenz:
Darstellen von Bruchteilen auf verschiedene Weise (handelnd), Ausführen von Grundrechenarten mit einfachen Brüchen

Prozessbezogene Kompetenz:
AK01, AK02, P01, M01

Sozialform: GA

Zeit: 90 min

Material:
Gallier-Zettel (KV 1–4), farbiges Papier (je 6-mal gelb, blau, rot und grün), 24 Briefumschläge, Anschauungsmaterial (KV 5)

VORBEREITUNG

Es gibt vier Themen, die jeweils einem Gallier und einer Farbe zugeordnet sind (KV 1–4):

- gleichnamige Brüche → Idefix (I) → gelb
- ungleichnamige Brüche → Obelix (O) → blau
- Addition in gemischte Schreibweise → Troubadix (T+) → rot
- Subtraktion in gemischte Schreibweise → Troubadix (T–) → grün

Diese Gallier-Zettel werden jeweils 6-mal auf entsprechend farbiges Papier kopiert.

Die drei Teilbereiche jedes Themas (Geschichte [G], Anschauung [A] und Rechenregel [R]) werden in Streifen auseinandergeschnitten.

Dann werden immer drei gleiche Streifen in einen Umschlag gesteckt, auf dem jeweils der Gallier, der Teilbereich und die Farbe notiert wird [z. B. kommen drei Streifen „Geschichte (Idefix)" zusammen in einen Umschlag, der die Aufschrift „Geschichte (Idefix)" und eine gelbe Markierung erhält].

In die sechs Umschläge des Teilbereichs „Anschauung" wird zusätzlich das wie folgt erstellte Anschauungsmaterial gesteckt: Die Vorlagen (KV 5) werden 6-mal kopiert entlang der Strichellinien in Einzelteile zerschnitten.

Die vier Ecken des Klassenraums werden deutlich mit den Zahlen 1, 2 und 3 und einem „P" (= Puffer) gekennzeichnet. Die insgesamt 24 Umschläge werden entsprechend folgender Tabelle in die Ecken verteilt:

Mögliche Umschlaginhalte und -verteilung

(Jedes Tabellenfeld ist ein Umschlag, der an der über der Spalte stehenden Ecke liegt.)

	1. Ecke	2. Ecke	3. Ecke	„Puffer"-Ecke		
Idefix (gelb)	R	G	A + Material	G	A + Material	R
Obelix (blau)	A + Material	R	G	G	A + Material	R
Troubadix + (rot)	G	A + Material	R	G	A + Material	R
Troubadix – (grün)	R	G	A + Material	G	A + Material	R

Brüche addieren/subtrahieren –
Da, die Gallier in Ägypten – merkste selbst

VERLAUF

■ Die Lehrkraft liest die Einführungsgeschichte vor:

> **Mit den Galliern in Ägypten**
> Die Gallier haben die Römer schon so manches Mal ausgetrickst und besiegt. Nun wollen Asterix und Obelix den Römern auch noch die Bruchrechnung stibitzen. Aber die Römer sind für die Bruchrechnung viel zu dumm, da müssen die Gallier schon in das warme Ägypten zu Kleopatra reisen. Denn die Ägypter sind sehr gebildete Menschen, von denen man die Bruchrechnung lernen kann.

■ Nun wird die erste Rundeneinstiegsfrage gestellt (siehe unten), und die drei Antwortmöglichkeiten werden den drei nummerierten Ecken zugeordnet. Die Schüler begeben sich in diejenige Ecke, deren Antwort sie für richtig halten. Die Antwort wird aufgelöst, die Schüler starten aber dennoch in der gewählten Ecke.

■ In jeder Ecke bildet sich auf diese Weise eine Gruppe, die gemeinsam den dort ausliegenden, gelb markierten Umschlag bearbeitet und die Ergebnisse bespricht. Zur Geschichte werden Stichpunkte notiert, die Anschauung wird nachgelegt, die Rechenregel wird abgeschrieben und es werden Beispiele genannt.

■ Hat eine Gruppe den gelb markierten Umschlag fertig bearbeitet, muss sie nacheinander auch die gelben Umschläge der anderen beiden Ecken bearbeiten. Sind beide Ecken besetzt, geht die Gruppe zur Puffer-Ecke und bearbeitet dort einen der noch fehlenden gelben Umschläge.

■ Ist eine Gruppe mit allen drei Teilbereichen G, A und R fertig, teilen sich die Schüler auf die anderen Gruppen auf und unterstützen diese.

■ Sind alle Gruppen fertig, kommen die Schüler wieder in die Mitte und die nächste Runde (blau) beginnt mit der zweiten Rundeneinstiegsfrage.

■ Die dritte (rote) und vierte (grüne) Runde verlaufen ebenso.

Rundeneinstiegsfragen	Antwortmöglichkeiten *(Die richtige Lösung ist jeweils unterstrichen.)*		
	1	2	3
1. Runde (gelb): In welchem Comic-Band reisen Asterix und Obelix nach Ägypten?	3	<u>6</u>	9
2. Runde (blau): Wer schließt Asterix und Obelix in der Pyramide ein?	Numerobis	Pyradonis	<u>Schraubzieris</u>
3. Runde (rot): Welche Sprache spricht Abstosis, ein Kommandant eines Schiffes?	<u>Hieroglyphisch</u>	Ägyptisch	Römisch
4. Runde (grün): Warum verliert der Vorkoster von Kleopatra seinen Job?	Er läuft nach dem Essen blassgrün an.	<u>Er isst vergifteten Kuchen.</u>	Er bricht vor Kleopatras Füße.

DIFFERENZIERUNG Auf ähnliche Weise können die Rechengesetze bearbeitet werden.

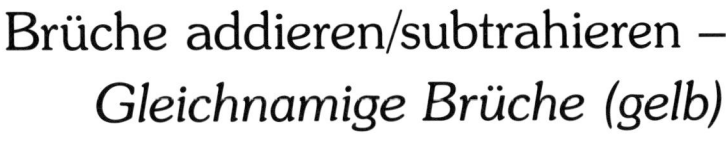

Geschichte (Idefix)

Notiert Stichpunkte zu folgender Geschichte:

Auf dem Weg zu Kleopatra findet Idefix acht große Knochen.

Er ist so mit seinen Knochen beschäftigt, dass er leider Obelix nicht

mehr wiederfindet. Idefix hat schon zwei der Knochen abgenagt,

also $\frac{2}{8}$, als ihn der Vorkoster von Kleopatra entdeckt.

Aber Idefix ist ja schlau: Bevor der Vorkoster ihn fangen kann,

nagt er schnell noch drei weitere Knochen ab, also $\frac{3}{8}$, und rennt

dann schnell durch die Gassen Alexandrias vor dem behäbigen Vorkoster weg.

Anschauung (Idefix)

Legt folgende Rechnung nach. Legt dazu die weißen Raster

mit den schwarzen Knochen aus.

Idefix hat einen Anteil von $\frac{5}{8}$ der Knochen gegessen, da er 5 von 8 Knochen abgenagt hat.

Also: $\frac{2}{8} + \frac{3}{8} = \frac{2+3}{8} = \frac{5}{8}$

Wenn Idefix jetzt zu den restlichen Knochen zurückkehren könnte,

welchen Anteil würde er vorfinden?

Richtig, $\frac{3}{8}$, denn von den 8 Knochen sind nur noch 3 übrig.

Also: $\frac{8}{8} - \frac{5}{8} = \frac{8-5}{8} = \frac{3}{8}$

Rechenregel (Idefix)

Addition/Subtraktion von gleichnamigen Brüchen

Wenn die Teile, die addiert oder subtrahiert werden, gleich groß sind,

musst du nur die Anzahl der Stücke addieren oder subtrahieren.

Die Größe der Stücke bleibt gleich. Das bedeutet:

Brüche mit gleichem Nenner werden addiert oder subtrahiert,

indem du die Zähler addierst oder subtrahierst und den Nenner beibehältst:

$$\frac{a}{c} + \frac{b}{c} = \frac{a+b}{c} \qquad\qquad \frac{a}{c} - \frac{b}{c} = \frac{a-b}{c}$$

Notiere die Rechenregel und finde drei Beispiele, indem du für die Variablen

Zahlen einsetzt! Kannst du noch kürzen?

© Verlag an der Ruhr | Autorinnen: K. Barth, S. Müller | ISBN 978-3-8346-2400-0 | www.verlagruhr.de

Brüche addieren/subtrahieren –
KV 2 *Ungleichnamige Brüche (blau)*

Geschichte (Obelix)

Notiert Stichpunkte zu folgender Geschichte:

Auf dem Weg zu Kleopatra laufen Obelix immer wieder hinterhältige Ägypter über den Weg. Um eine weitere Hausecke gebogen, entdeckt Obelix Schraubzieris, der bereits 20 der 60 neu gelieferten Steine für den Architekten von Kleopatra verschwinden ließ und nun ein weiteres Viertel der Lieferung stehlen möchte. Jetzt reicht es Obelix. Er möchte für Kleopatra die fehlenden Steine zurückerobern. Doch welchen Anteil hätte Schraubzieris insgesamt überhaupt erbeutet?

Anschauung (Obelix)

Legt folgende Rechnung nach. Legt dazu die weißen Raster mit den grauen Steinen aus.

20 von 60 Steinen sind $\frac{20}{60}$, also $\frac{1}{3}$. $\frac{1}{4}$ von 60 sind 15 Steine.

Obelix addiert $\frac{1}{3}$ und $\frac{1}{4}$. $\frac{1}{3}$ sind $\frac{4}{12}$ und $\frac{1}{4}$ sind $\frac{3}{12}$

➡ $\frac{1}{3} + \frac{1}{4} = \frac{4}{12} + \frac{3}{12} = \frac{4+3}{12} = \frac{7}{12}$

Schraubzieris hätte also insgesamt $\frac{7}{12}$ aller Steine erbeutet, wenn Obelix ihn jetzt nicht auf frischer Tat ertappt hättet. Er möchte aber die Steine nicht zurückgeben, schließlich hat sein Meister Pyradonis ihm das so befohlen. Er schlägt Obelix vor, ein Viertel der 60 Steine zurückzugeben. Obelix ist von diesem Vorschlag nicht überzeugt. Hat Obelix Recht?

Schraubzieris möchte also $\frac{1}{4}$ von $\frac{1}{3}$ (den von ihm bereits gestohlenen Steinen) subtrahieren.

➡ $\frac{1}{3} - \frac{1}{4} = \frac{4}{12} + \frac{3}{12} = \frac{4-3}{12} = \frac{1}{12}$

Schraubziernis würde also $\frac{1}{12}$ der insgesamt 60 Steine für sich behalten.

Obelix geht nicht auf den Vorschlag von Schraubzieris ein und zwingt ihn, alle geklauten Steine wieder zurückzubringen. Sonst würde Obelix ihn höchstpersönlich verhauen.

Rechenregel (Obelix)

Addition/Subtraktion von ungleichnamigen Brüchen

Zum Addieren und Subtrahieren von Brüchen musst du sie zuerst gleichnamig machen. Dann kannst du die Zähler addieren oder subtrahieren und den Nenner beibehalten.

Notiere die Rechenregel und finde drei weitere Beispiele. Kannst du noch kürzen?

Mathe *aktiv* und *anschaulich* vermitteln

© Verlag an der Ruhr | Autorinnen: K. Barth, S. Müller | ISBN 978-3-8346-2400-0 | www.verlagruhr.de

Brüche addieren/subtrahieren – *Addition mit gemischter Schreibweise (rot)*

Geschichte (Troubadix +)

Notiert Stichpunkte zu folgender Geschichte:

Troubadix will den anderen Galliern nach Ägypten folgen. Während Obelix und Idefix bereits die ersten Regeln der Bruchrechnung ausfindig gemacht haben, reist Troubadix $5\frac{3}{7}$ Wochen auf dem Schiff. Als er die Küste erreicht, ruft ihm der fiese Pyradonis zu „Jetzt brauchst du noch $1\frac{3}{7}$ Wochen zu Fuß!".

Wie lange ist Troubadix insgesamt unterwegs, bis er seine Freunde und Kleopatra erreicht?

Anschauung (Troubadix +)

Legt folgende Rechnung nach. Legt dazu das weiße Raster mit den schwarzen Kreisen (= ganze Zahlen = Wochen) und den grauen Quadraten (= Brüche = Tage) aus.

Bisher ist Troubadix 5 ganze Wochen und weitere 3 Tage, dies entspricht $\frac{3}{7}$ Wochen, auf dem Meer gereist. Laut Pyradonis muss er noch eine weitere komplette Woche laufen und dann noch einmal $\frac{3}{7}$ einer Woche, also zusätzlich 3 Tage, bis er bei seinen Freunden und Kleopatra angekommen ist. Dies sind insgesamt 6 ganze Wochen und dazu noch 2-mal 3 Tage, also zusammen $\frac{6}{7}$ Wochen.

$\rightarrow 5\frac{3}{7} + 1\frac{3}{7} = 6\frac{3}{7} + \frac{3}{7} = 6\frac{3+3}{7} = 6\frac{6}{7}$

Pyradonis ist aber hinterhältig und weist Troubadix den falschen Weg, sodass er für den Fußmarsch sogar etwas länger, nämlich $1\frac{5}{7}$ Wochen braucht.

Insgesamt braucht Troubadix also $5\frac{3}{7} + 1\frac{5}{7} = 6\frac{3}{7} + \frac{5}{7} = 6\frac{3+5}{7} = 6\frac{8}{7} = 7\frac{1}{7}$

Rechenregel (Troubadix +)

Addition von Brüchen in gemischter Schreibweise

Gemischte Zahlen addierst du, indem du zunächst die Ganzen und anschließend die Bruchteile addierst. Ist der entstandene Bruch unecht, so ziehst du die Ganzen heraus und addierst sie zu den bereits vorhandenen Ganzen.

Beachte: Sind bei den Bruchteilen die Nenner unterschiedlich, musst du die Brüche zuerst gleichnamig machen, bevor du sie addieren oder subtrahieren kannst.

Notiere die Rechenregel und finde drei weitere Beispiele. Kannst du noch kürzen?

Geschichte (Troubadix –)

Notiert Stichpunkte zu folgender Geschichte:

Troubadix ist seinen Freunden nach Ägypten hinterher gereist und vergleicht nun mit Asterix seine Reisedaten: Für den ersten Teil seiner Reise auf dem Schiff brauchte Troubadix $5\frac{3}{7}$ Woche, Asterix war hingegen nur $2\frac{1}{7}$ Wochen unterwegs. Troubadix ist anscheinend einen Umweg gefahren – wie viele Wochen brauchte Asterix weniger als er?

Anschauung (Troubadix –)

Legt folgende Rechnung nach. Legt dazu das weiße Raster mit den schwarzen Kreisen (= ganze Zahlen = Wochen) und den grauen Quadraten (= Brüche = Tage) aus.

Da die Subtraktion von Brüchen in gemischter Schreibweise genauso wie die Addition funktioniert, subtrahiert man zunächst die Ganzen voneinander, dann die Bruchteile.

Also: $5\frac{3}{7} - 2\frac{1}{7} = 3\frac{3}{7} - \frac{1}{7} = 3\frac{3-1}{7} = 3\frac{2}{7}$

Asterix war also $3\frac{2}{7}$ Wochen weniger unterwegs als Troubadix.

Auch Miraculix macht sich mit seinen Dienern auf den Weg nach Ägypten. Seine Schiffsreise dauert nicht so lang wie die Reise von Troubadix, aber doch länger als die Reise von Asterix: Miraculix benötigt $1\frac{5}{7}$ Wochen weniger als Troubadix. Wie lange dauerte die Reise von Miraculix?

➡ $5\frac{3}{7} - 1\frac{5}{7} = 4\frac{2}{7} - \frac{5}{7} = 3\frac{10}{7} - \frac{5}{7} = 3\frac{10-5}{7} = 3\frac{5}{7}$

Rechenregel (Troubadix –)

Subtraktion von Brüchen in gemischter Schreibweise

Gemischte Zahlen subtrahierst du, indem du zunächst die Ganzen und anschließend die Bruchteile subtrahierst.

- Ist der entstandene Bruch unecht, so ziehst du die Ganzen heraus und addierst sie zu den vorhandenen Ganzen.
- Ist der echte Bruch des Minuenden kleiner als der des Subtrahenden, musst du ein Ganzes in einen Bruch umwandeln.

Beachte: Sind bei den Bruchteilen die Nenner unterschiedlich, so musst du die Brüche erst gleichnamig machen.

Notiere die Rechenregel und finde drei weitere Beispiele. Kannst du noch kürzen?

© Verlag an der Ruhr | Autorinnen: K. Barth, S. Müller | ISBN 978-3-8346-2400-0 | www.verlagruhr.de

Brüche addieren/subtrahieren –
Anschauungsmaterial KV 5

Die Knochen, Steine, Kreise und Quadrate müssen 6-mal kopiert (vergrößert),
an den gestrichelten Linien ausgeschnitten und mit in die Anschauungs-Umschläge
gelegt werden.

Material zur Anschauung für Idefix

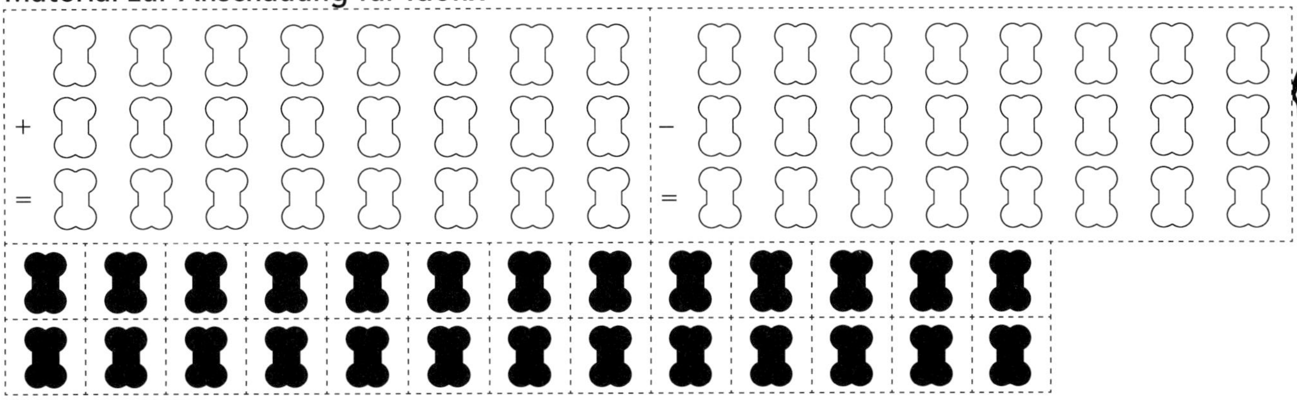

Material zur Anschauung für Obelix

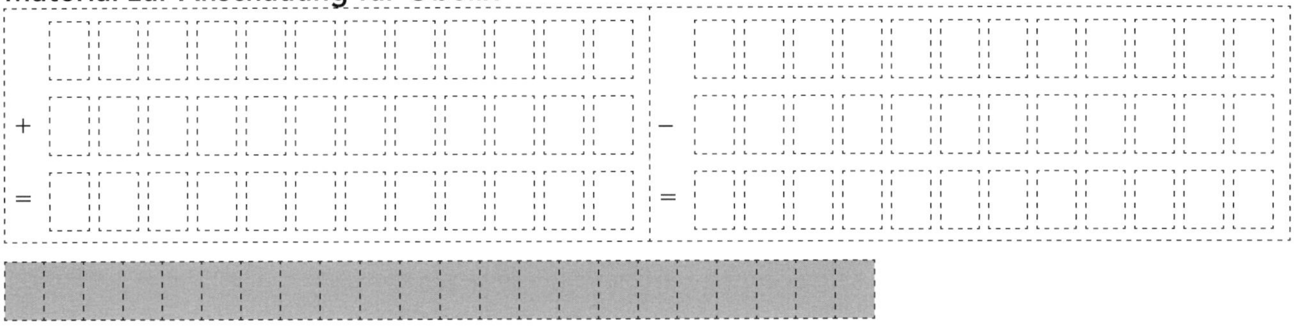

Material zur Anschauung für Troubadix (+)

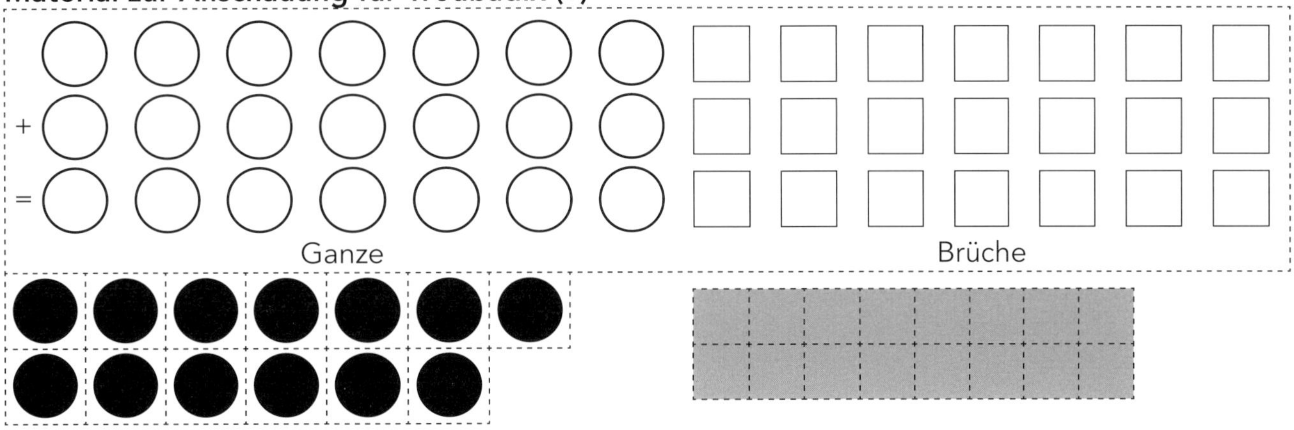

Ganze

Brüche

Material zur Anschauung für Troubadix (–)

Ganze

Brüche

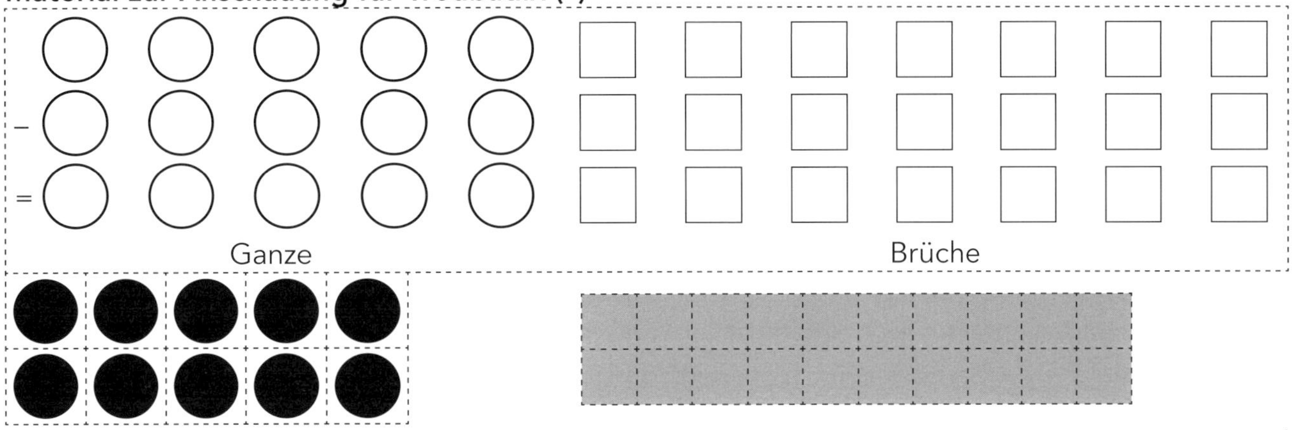

© Verlag an der Ruhr | Autorinnen: K. Barth, S. Müller | ISBN 978-3-8346-2400-0 | www.verlagruhr.de

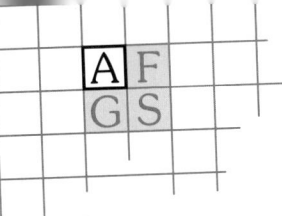

Brüche addieren/subtrahieren –
Stadt Land Bruch

Inhaltsbezogene Kompetenz:
Ausführen von Grundrechenarten
mit einfachen Brüchen

Prozessbezogene Kompetenz:
AK04, P04

Sozialform: GA

Zeit: 45 min

Material: Spielvorlage (KV)

VORBEREITUNG

Der Schülerbogen wird zunächst 4-mal kopiert und mit Aufgaben versehen (siehe Beispiel unten), sodass für jeden Buchstaben des Alphabets (die Buchstaben werden in die Spalte ganz links geschrieben) eine Zeile mit Aufgaben gefüllt ist. Diese 4-seitige Vorlage wird für jeden Schüler einmal kopiert und ausgeteilt (wenn die Vorlage beim Kopieren verkleinert wird, sodass die Aufgaben nur über zwei oder gar eine Seite(n) gehen, kann Papier gespart werden). Zusätzlich erhält jeder Schüler eine leere Spielvorlage. Außerdem müssen vier passende Lösungsblätter erstellt werden, die für jede Gruppe einmal kopiert werden.

	gleichnamige Brüche		ungleichnamige Brüche		gemischte Schreibweise	
	+	**–**	**+**	**–**	**+**	**–**
A	$\frac{2}{5} + \frac{1}{5}$	$\frac{14}{15} - \frac{9}{15}$	$\frac{2}{3} + \frac{2}{15}$	$\frac{13}{36} - \frac{2}{9}$	$2\frac{4}{5} + 3\frac{1}{2}$	$8\frac{3}{20} - 3\frac{4}{5}$

VERLAUF

- Ein Schüler sagt laut „A" und geht dann stumm das Alphabet weiter durch. Sein rechter Nachbar sagt nach beliebiger Zeit „Stopp", und der erste Schüler nennt den Buchstaben, bei dem er gerade ist.
- Jeder Schüler der Gruppe berechnet die entsprechende Aufgabenzeile und trägt den Buchstaben und die Lösungen (eventuell mit Rechnung) in die leere Spielvorlage ein.
- Der erste Schüler mit allen Lösungen ruft „Stopp!", wodurch die Runde beendet wird – alle anderen Schüler der Gruppe dürfen nicht mehr weiterrechnen. Die Gruppe kontrolliert die Lösungen gemeinsam mithilfe der Lösungsblätter.
- Für jede richtige Lösung gibt es einen Punkt. Der Schüler, der die Runde beendet hat, bekommt drei Sonderpunkte, sofern er alle Ergebnisse richtig hat.
- Es werden sieben Runden gespielt, wobei die Rollen (Alphabet sagen, stoppen) im Uhrzeigersinn wechseln.
- Der Schüler mit den meisten Punkten gewinnt.

DIFFERENZIERUNG

- Jede Gruppe zählt am Ende seine Punkte als Team zusammen und das Team mit den meisten Punkten gewinnt.
- Es wird eine Zeitvorgabe für die Berechnung einer Zeile festgelegt.

		Punkte							
Brüche in gemischter Schreibweise	subtrahieren								
	addieren								
ungleichnamige Brüche	subtrahieren								
	addieren								
gleichnamige Brüche	subtrahieren								
	addieren								

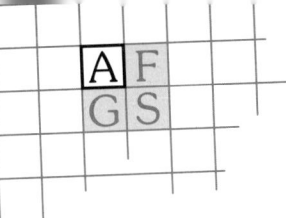

Brüche multiplizieren/dividieren –
Brüchige Aktivitäten multipler Pantomime

Verstehen

Inhaltsbezogene Kompetenz:
Ausführen von Grundrechenarten mit einfachen
Brüchen, Darstellen von einfachen Bruchteilen auf
verschiedene Weisen (handelnd, zeichnerisch)

Prozessbezogene Kompetenz:
AK02, AK04, AK06, P06

Sozialform: PA, KU

Zeit: 90 min

Material:
Aufgabenkarten (vgl. KV 1), Arbeitsauftragskarten
(KV 2), TicTacToe-Karten-Sets (KV 3), 9 nummerierte
Säckchen (1 bis 5 und T1 bis T4), Kreppband

VORBEREITUNG

Es gibt vier Themenbereiche:
- Multiplikation mit Stammbrüchen (Säckchen 1)
- Multiplikation mit Brüchen (Säckchen 2)
- Division durch Stammbrüche (Säckchen 3)
- Division durch Brüche (Säckchen 4)

Die Lehrperson erstellt entsprechend der Beispiele auf KV 1 zu jedem
Themenbereich 5×6 Aufgabenkarten mit passenden Lösungskarten.
Dazu können die Blanko-Vorlagen der KV genutzt werden. Die Aufga-
benkarten werden in die entsprechenden Säckchen 1 bis 4 gesteckt.
Diese werden zusammen mit der passenden Arbeitsauftragskarte
(KV 2) an verschiedenen Stellen im Raum deponiert.
Säckchen 5 (Pantomime) wird mit den acht bereits fertigen Aufgaben-
karten der KV 1 gefüllt und für die zweite Durchführungsphase bereitgelegt.
Die TicTacToe-Karten-Sets (KV 3) werden im Klassensatz kopiert und
entlang der gestrichelten Linien ausgeschnitten. Dann wird der Rechenschritt jeweils umgeklappt, sodass er auf der Rückseite des TicTacToe-
Feldes steht. Diese Karten-Sets werden in die vier Säckchen T1 bis T4
gelegt, die anschließend neben den anderen Säckchen 1 bis 4 positioniert werden.
In der Mitte des Raumes wird auf dem Fußboden ein Startpunkt markiert, von dem aus die Schüler zu den Lösungskarten gelangen. Diese
werden auf die entsprechenden Bodenfliesen geklebt (vgl. Arbeitsauftragskarten). Sollten keine Bodenfliesen vorhanden sein, wird ein ent-
sprechendes Raster mit dem Kreppband erstellt.

Darstellung der Rechenzeichen

·   Zwei Schüler kreuzen ihre Arme.   →

:   Zwei Schüler strecken je einen Arm zur Seite und machen eine Faust,
     sodass die beiden Fäuste in der Luft übereinanderstehen.   →

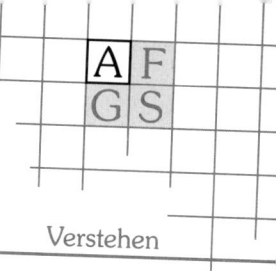
VERLAUF

Phase 1: Multiplikation/Division

- Die Hälfte der Schüler zieht eine Aufgabenkarte aus dem ersten Säckchen und sucht sich einen Partner. Mit diesem wird der Arbeitsauftrag 1 bearbeitet.
- Anschließend werden auf gleiche Weise die Säckchen 2, 3 und 4 bearbeitet.

Phase 2: Pantomime

- Ziel dieser Phase ist es, einzelne Lösungsschritte einer Aufgabe pantomimisch darzustellen. Dazu zieht ein Schüler eine Aufgaben- karte aus Säckchen 5.
- Die Schüler „bauen" die Aufgabe nach, indem sich für die Brüche die entsprechende Anzahl von Schülern als Zähler auf einen Tisch bzw. als Nenner unter einen Tisch setzen (die Tischplatten bilden also die Bruchstriche). Das Rechenzeichen wird ebenfalls durch zwei Schüler dargestellt (siehe Beispiel unten).
- Für die Darstellungen der folgenden Lösungsschritte „bauen" sich die Schüler entsprechend um. Beim Ergebnis kommen Schüler dazu.
- Die nicht aktiv darstellenden Schüler stehen unterstützend zur Ver- fügung und erraten, wie die Rechnung mit Ziffern aussehen würde.

Beispiel: $\dfrac{2}{5} : \dfrac{1}{2}$

→ Die Schüler stellen sich wie folgt auf:

2 S   1 S
5 S   2 S

→ Dann tauschen die Schüler des zweiten Bruchs die Plätze, und die Schüler in der Mitte bilden ein anderes Rechenzeichen:

2 S   2 S
5 S   1 S

→ Nun werden die beiden Tische zusammengeschoben. Das Rechen- zeichen muss sowohl oben als auch unten dargestellt werden:

2 S   2 S
5 S   1 S

→ Für das Ergebnis wird ein Tisch entfernt:

4 S
5 S

DIFFERENZIERUNG

In starken Gruppen bietet es sich an, für Säckchen 4 Aufgaben zu entwerfen, die keine ganze Zahl ergeben

(z. B. $2 : \dfrac{3}{4}$, $3 : \dfrac{2}{3}$, $3 : \dfrac{2}{5}$).

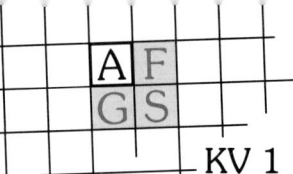

Brüche multiplizieren/dividieren –
KV 1 *Aufgabenkarten (1/2)*

Säckchen 1 und 2

Beispiel-Aufgabenkarte mit Lösung

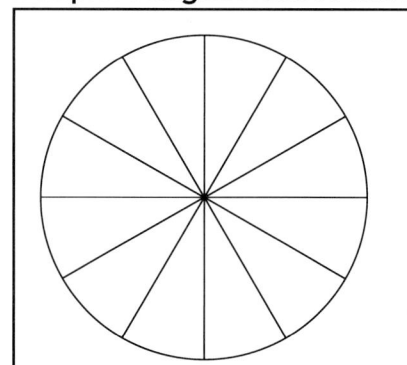

Wie viel ist
$\frac{1}{4}$ von $\frac{1}{3}$?

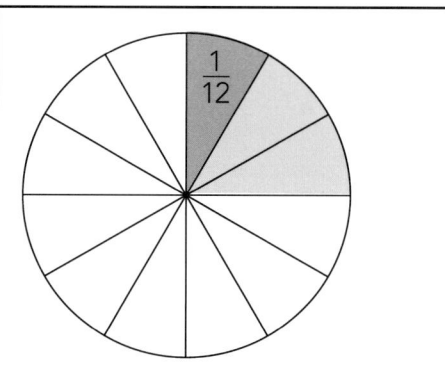

Weitere Aufgabenbeispiele für Säckchen 1

$\frac{1}{4}$ von $\frac{1}{3}$	$\frac{1}{3}$ von $\frac{1}{4}$	$\frac{1}{5}$ von $\frac{1}{3}$	$\frac{1}{3}$ von $\frac{1}{5}$	$\frac{1}{4}$ von $\frac{1}{5}$	$\frac{1}{5}$ von $\frac{1}{4}$

Weitere Aufgabenbeispiele für Säckchen 2

$\frac{2}{5}$ von $\frac{3}{4}$	$\frac{3}{4}$ von $\frac{2}{5}$	$\frac{3}{4}$ von $\frac{2}{3}$	$\frac{2}{3}$ von $\frac{3}{4}$	$\frac{2}{3}$ von $\frac{2}{5}$	$\frac{2}{5}$ von $\frac{2}{3}$

Material zur Erstellung weiterer Aufgaben

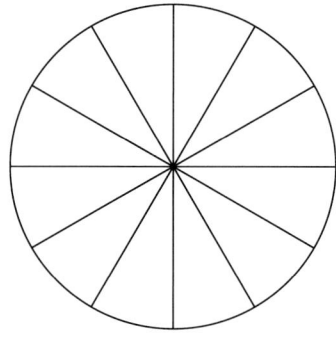
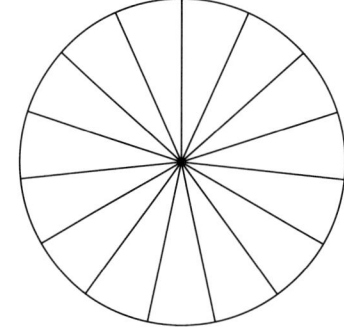
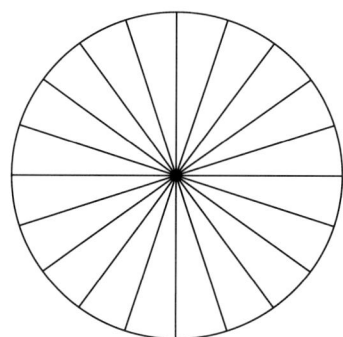

Säckchen 3

Beispiel-Aufgabenkarte mit Lösung

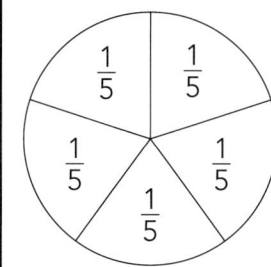
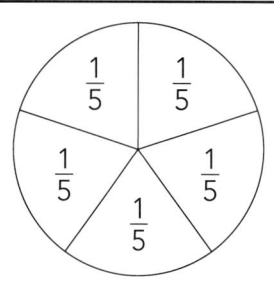

Wie viel ist
$2 : \frac{1}{5}$?

10

© Verlag an der Ruhr | Autorinnen: K. Barth, S. Müller | ISBN 978-3-8346-2400-0 | www.verlagruhr.de

Mathe *aktiv* und *anschaulich* vermitteln

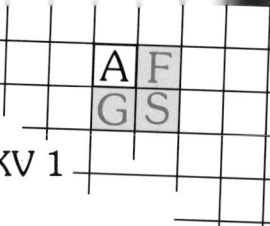

Material zur Erstellung weiterer Aufgaben

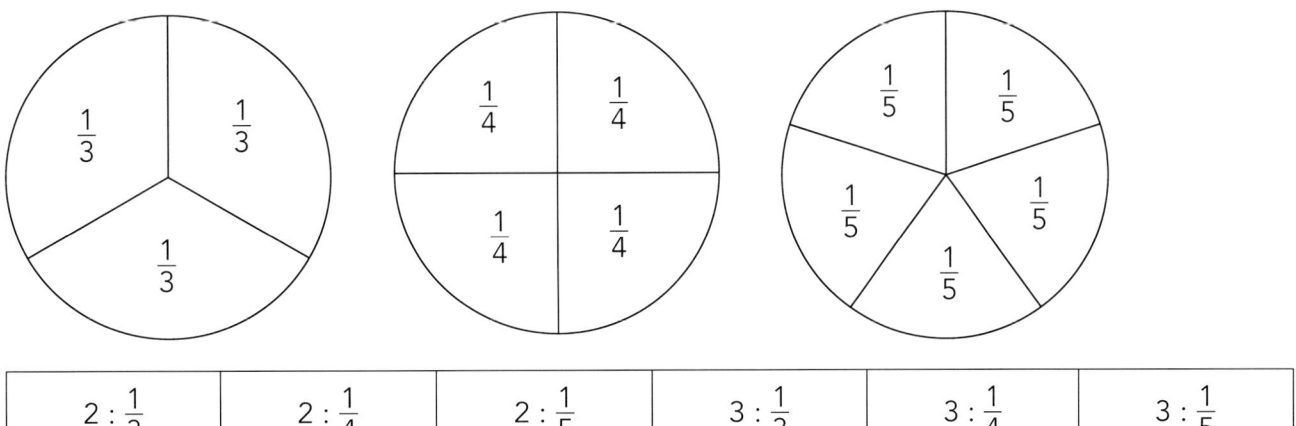

$2 : \frac{1}{3}$	$2 : \frac{1}{4}$	$2 : \frac{1}{5}$	$3 : \frac{1}{3}$	$3 : \frac{1}{4}$	$3 : \frac{1}{5}$

Säckchen 4

Beispiel-Aufgabenkarte mit Lösung

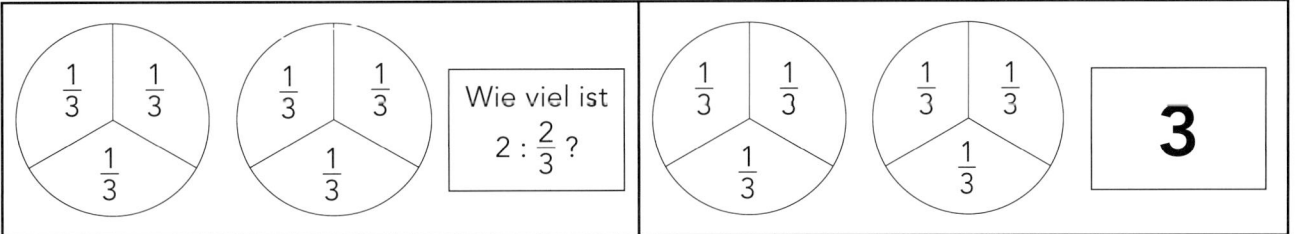

Material zur Erstellung weiterer Aufgaben

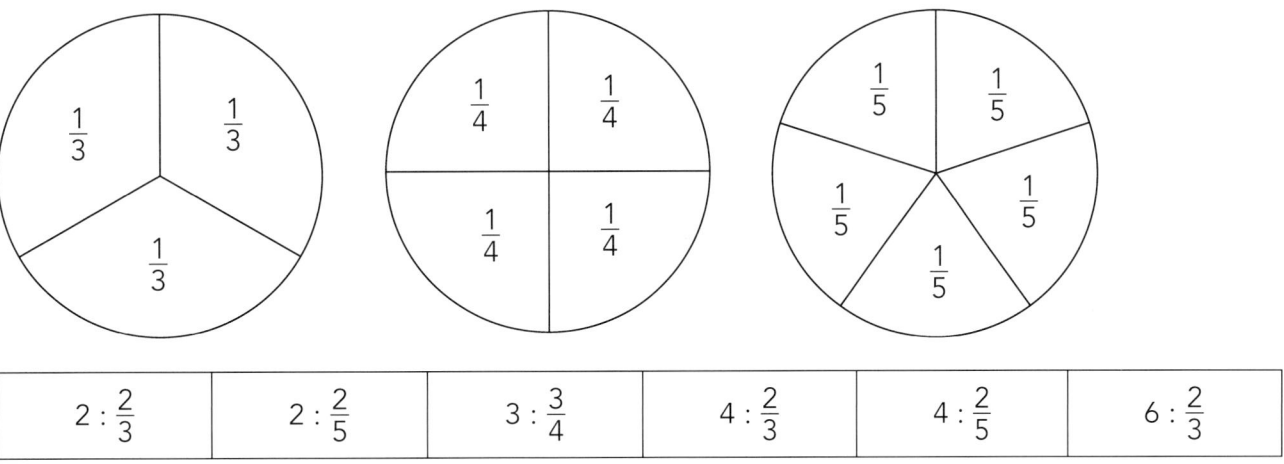

$2 : \frac{2}{3}$	$2 : \frac{2}{5}$	$3 : \frac{3}{4}$	$4 : \frac{2}{3}$	$4 : \frac{2}{5}$	$6 : \frac{2}{3}$

Säckchen 5 (Pantomime)

Fertige Aufgabenkarten

$\frac{2}{5} : \frac{1}{2}$	$\frac{5}{2} : \frac{3}{2}$	$\frac{4}{3} : \frac{3}{2}$	$\frac{1}{3} : \frac{3}{2}$
$\frac{1}{3} \cdot \frac{1}{4}$	$\frac{2}{5} \cdot \frac{1}{2}$	$\frac{3}{2} \cdot \frac{1}{5}$	$\frac{3}{2} \cdot \frac{2}{5}$

© Verlag an der Ruhr | Autorinnen: K. Barth, S. Müller | ISBN 978-3-8346-2400-0 | www.verlagruhr.de

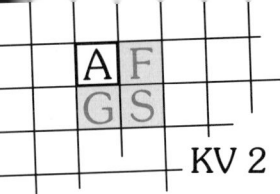
Arbeitsauftrag für Säckchen 1 und 2

Schüler A: Ziehe eine Aufgabe, ohne sie B zu zeigen. *Zeichne* nun den ersten Bruch in den Kreis und schraffiere davon den zweiten Bruch.

Schüler B: Rate, wie groß der Anteil der schraffierten Fläche am ganzen Kreis ist.

A + B: Tauscht euch aus und überlegt, wie diese Fläche als Bruch dargestellt werden kann. Kontrolliert das Ergebnis, indem ihr vom Startpunkt aus entlang der Bodenfliesen/Kästchen zur Lösung lauft. Der Nenner des ersten Bruchs der Aufgabe gibt an, wie viele Bodenfliesen ihr vom Startpunkt aus nach *vorne*, der zweite Nenner, wie viele ihr nach *rechts* geht. Ist das Ergebnis richtig, dürft ihr euch beide eine TicTacToe-Karte aus dem Säckchen T1 bzw. T2 ziehen (ggf. mehrfach ziehen, bis ihr eine andere TicTacToe-Karte habt). Ist das Ergebnis nicht richtig, korrigiert ihr es und zieht erst dann eine TicTacToe-Karte.

Dieser Ablauf muss 3-mal (4-mal bei Säckchen 2) *mit verschiedenen Partnern in unterschiedlichen Rollen* (Zeichner, Rater) stattfinden. Am Ende hat jeder von euch drei (vier) verschiedene TicTacToe-Karten, die ihr in die richtige Reihenfolge bringen müsst. Dreht die Kartenfolge um und versteht den rechnerischen Lösungsweg auf den Rückseiten. Danach dürft ihr zum nächsten Säckchen gehen.

Arbeitsauftrag für Säckchen 3 und 4

Schüler A: Ziehe eine Aufgabe, ohne B den Rechenterm zu zeigen. *Erkläre* B den Term anhand der Zeichnung.

Schüler B: Errate den Term und die Lösung.

A + B: Tauscht euch aus und überlegt, wie die zugehörige Rechnung lautet. Kontrolliert das Ergebnis, indem ihr vom Startpunkt aus entlang der Bodenfliesen/Kästchen zur Lösung lauft. Der Zähler des ersten Bruchs gibt an, wie viele Bodenfliesen ihr nach *hinten*, der zweite Nenner, wie viele ihr nach *links* geht. Ist das Ergebnis richtig, dürft ihr euch beide eine TicTacToe-Karte aus dem Säckchen T3 bzw. T4 ziehen (ggf. mehrfach ziehen, bis ihr eine andere TicTacToe-Karte habt). Ist das Ergebnis nicht richtig, korrigiert ihr es und zieht erst dann eine TicTacToe-Karte.

Dieser Ablauf muss 3-mal (4-mal bei Säckchen 4) *mit verschiedenen Partnern in unterschiedlichen Rollen* (Erklärer, Rater) stattfinden. Am Ende hat jeder von euch drei (vier) verschiedene TicTacToe-Karten, die ihr in die richtige Reihenfolge bringen müsst. Dreht die Kartenfolge um und versteht den rechnerischen Lösungsweg auf den Rückseiten. Danach dürft ihr zum nächsten Säckchen gehen.

© Verlag an der Ruhr | Autorinnen: K. Barth, S. Müller | ISBN 978-3-8346-2400-0 | www.verlagruhr.de

TicTacToe-Karten-Set 1

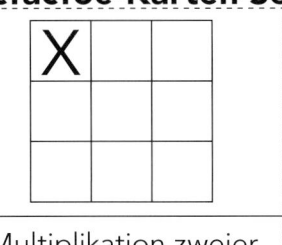 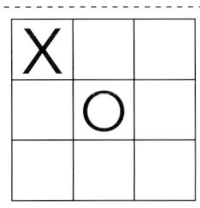 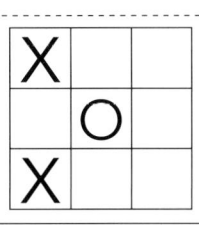

Multiplikation zweier Stammbrüche $\frac{1}{4} \cdot \frac{1}{3}$	Zähler · Zähler $= \frac{1}{4} \cdot \frac{1}{3}$ Nenner · Nenner	$= \frac{1}{12}$

TicTacToe-Karten-Set 2

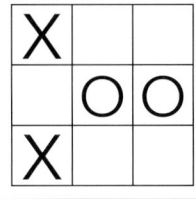 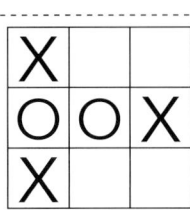 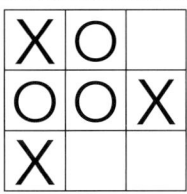 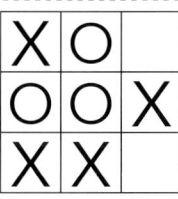

Multiplikation zweier Brüche $\frac{2}{5} \cdot \frac{3}{4}$	Zähler · Zähler $= \frac{2}{5} \cdot \frac{3}{4}$ Nenner · Nenner	Kürzen $= \frac{1 \cdot 3}{5 \cdot 2}$	$\underline{\quad} \frac{3}{10}$

TicTacToe-Karten-Set 3

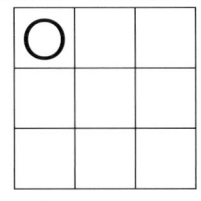 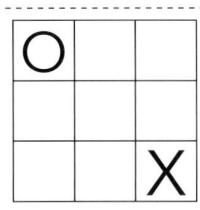 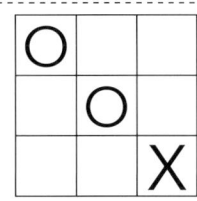

Division durch Stammbruch $2 : \frac{1}{5} = \frac{2}{1} : \frac{1}{5}$	mit Nenner multiplizieren $= \frac{2}{1} \cdot \frac{5}{1}$ durch Zähler dividieren	$= \frac{10}{1} = 10$

TicTacToe-Karten-Set 4

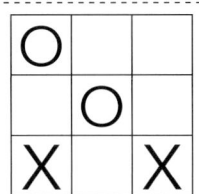 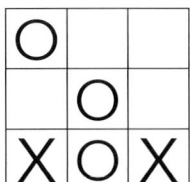 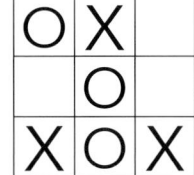 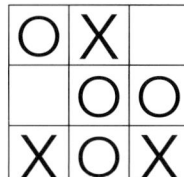

Division durch einen Bruch $2 : \frac{4}{5} = \frac{2}{1} : \frac{4}{5}$	mit Kehrwert multiplizieren $= \frac{2}{1} \cdot \frac{5}{4}$	Kürzen $= \frac{1}{1} \cdot \frac{5}{2}$	$= \frac{5}{2} = 2\frac{1}{2}$

© Verlag an der Ruhr | Autorinnen: K. Barth, S. Müller | ISBN 978-3-8346-2400-0 | www.verlagruhr.de

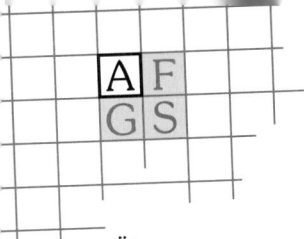

Brüche multiplizieren/dividieren –
Bruch-Jäger

Üben

Inhaltsbezogene Kompetenz:
Ausführen von Grundrechenarten mit einfachen
Brüchen, Nutzen von Strategien für Rechenvorteile

Prozessbezogene Kompetenz:
AK04, P04

Ort: Schulhof/geschlossener Raum (Aula o. Ä.)

Sozialform: EA

Zeit: 25 min

Material: Aufgabenzeilen (BKV, S. 166),
Kreide/Kreppband, 2 Bälle, Schreibmaterial

VORBEREITUNG

Die Lehrperson kopiert die BKV 2-mal und notiert in jede der 14 Zeilen
je zwei Multiplikations- und zwei Divisionsaufgaben. Die beiden Seiten
werden 5-mal kopiert und in 5 x 14 Aufgabenzeilen zerschnitten.
Auf dem Schulhof wird ein Spielfeld abgegrenzt und ein Ort bestimmt, an dem die Lehrperson die Aufgabenzeilen ausgibt bzw.
die Rechenwege und Lösungen kontrolliert.

VERLAUF

■ Die Schüler erhalten die Bälle und spielen in dem Spielfeld das
Abwurfspiel:
  ✦ Jeder versucht, einen anderen Schüler direkt (ohne Erdball)
    abzuwerfen.
  ✦ Wird ein Schüler abgeworfen, scheidet dieser aus.
  ✦ Wird der Ball gefangen, scheidet der Werfer aus.
  ✦ Hat ein Schüler drei andere Schüler aus dem Spiel geworfen
    (durch Abwerfen oder Fangen), muss er selbst auch aus dem Spiel.
■ Ist ein Schüler abgeworfen oder musste der Werfer das Feld ver-
lassen, weil sein Ball gefangen wurde, geht er zur Lehrperson.
Er zieht eine Aufgabenzeile und berechnet alle vier Aufgaben.
Ein Schüler, der drei andere rausgeworfen hat und deshalb das Feld
verlassen musste, muss lediglich zwei der vier Aufgaben lösen).
■ Die Lehrperson kontrolliert die Aufgaben: Sind sie richtig gelöst,
darf der Schüler wieder ins Spielfeld zurück. Sind sie falsch, müssen
sie erst korrigiert werden, bevor weitergespielt werden darf.

DIFFERENZIERUNG

■ Experten können die Lehrperson beim Kontrollieren unterstützen
(sie spielen das Abwurfspiel also nicht selbst mit).
■ Schwieriger wird es, wenn auch Anwendungsaufgaben eingebunden werden.

Rechnen mit Dezimalzahlen –
Entscheidende Gewichte

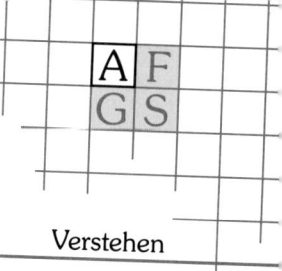

Inhaltsbezogene Kompetenz:
Deuten von Dezimalzahlen als andere Darstellungs-
form für Brüche, Umwandeln zwischen Brüchen und
Dezimalzahlen, Ausführen von Grundrechenarten
(endliche Dezimalzahlen)

Prozessbezogene Kompetenz:
AK04, P01, P03, M01

Sozialform: PA

Zeit: 45 min

Material:
Plakate (KV 1), 8 DIN-A4-Blätter Tonpapier (je 2
in rot, blau, grün und gelb), Arbeitsblätter zum
Problembewusstsein (KV 2), 2 Personenwaagen,
2 Küchenwaagen

VORBEREITUNG

Die Plakate werden kopiert, ausgeschnitten und auf das Tonpapier
geklebt (Addition = rot, Subtraktion = blau, Multiplikation = grün und
Division = gelb). Anschließend werden sie im Raum verteilt aufgehängt.
Die Arbeitsblätter zum Problembewusstsein werden ebenfalls kopiert
(Addition und Subtraktion 2-mal, Multiplikation und Division 3-mal),
ausgeschnitten und einzeln auf je einem Tisch ausgelegt (es werden
also 10 Tische benötigt).

VERLAUF

- Die Schüler bilden Paare und begeben sich mit ihrem Partner an
einen der Tische.
- Dort bearbeiten sie das ausliegende Arbeitsblatt zum Problem-
bewusstsein. Falls sie Hilfe benötigen, finden sie auf jedem Arbeits-
blatt einen Hinweis auf das entsprechende farbige Plakat.
- Hat ein Paar ein Arbeitsblatt fertig bearbeitet, geht es zum nächsten
Tisch usw.
- Die Partner kontrollieren abschließend ihre Lösungen anhand der
Plakate, sodass zum Ende jeder Schüler jedes Plakat gelesen hat.

DIFFERENZIERUNG

- Die Multiplikation kann vereinfacht werden, indem nur auf die
Multiplikation mit Stufenzahlen zurückgegriffen wird.
- Insgesamt wird es einfacher, wenn die Grundrechenarten zunächst
mit einer Dezimalzahl und einer natürlichen Zahl durchgeführt
werden.
- Schwieriger wird es, wenn ergänzend die Kommaverschiebung
beim Multiplizieren eingebaut wird.

Rechnen mit Dezimalzahlen –
Plakate (1/2)

Addition (mathematisch)

Man addiert zwei Dezimalzahlen, indem man die Dezimalzahlen so untereinanderschreibt, dass die Kommata untereinanderstehen. Nun wird wie bei natürlichen Zahlen stellenweise addiert. Anschließend wird das Komma beim Ergebnis an die gleiche Stelle gesetzt.

Bsp.: Partner A wiegt 42,3 kg, Partner B 39,8 kg. Zusammen wiegen sie somit 82,1 kg.

$$\begin{array}{r} 42,3 \\ +\ 39,8 \\ \hline 82,1 \end{array}$$

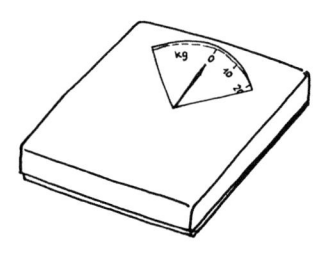

Addition (über Brüche)

Wandle die Dezimalzahlen zunächst in Brüche um. Addiere die Brüche. Wandle das Ergebnis wieder in eine Dezimalzahl um.

Bsp.: $42,3 = 42\frac{3}{10}$ und $39,8 = 39\frac{8}{10}$

$42\frac{3}{10} + 39\frac{8}{10} = 82\frac{1}{10} = 82,1$

Subtraktion (mathematisch)

Man subtrahiert zwei Dezimalzahlen, indem man die Dezimalzahlen so untereinanderschreibt, dass die Kommata untereinanderstehen. Nun wird wie bei natürlichen Zahlen stellenweise subtrahiert. Anschließend wird das Komma beim Ergebnis an die gleiche Stelle gesetzt.

Bsp.: Die Gegenstände wiegen zusammen 3,25 kg. Gegenstand A wiegt 1,77 kg. Gegenstand B wiegt somit 1,48 kg.

$$\begin{array}{r} 3,25 \\ -\ 1,77 \\ \hline 1,48 \end{array}$$

Subtraktion (über Brüche)

Wandle die Dezimalzahlen zunächst in Brüche um. Subtrahiere die Brüche. Wandle das Ergebnis wieder in eine Dezimalzahl um.

Bsp.: $3,25 = 3\frac{25}{100}$ und $= 1\frac{77}{100}$

$3\frac{25}{100} - 1\frac{77}{100} - 1\frac{12}{25} - 1\frac{48}{100} = 1,48$

© Verlag an der Ruhr | Autorinnen: K. Barth, S. Müller | ISBN 978-3-8346-2400-0 | www.verlagruhr.de

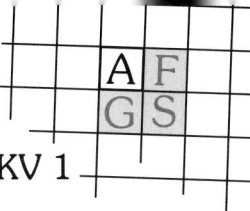

Multiplikation (mathematisch)

Man multipliziert zwei Dezimalzahlen, indem man zunächst ohne Komma wie bei natürlichen Zahlen multipliziert. Anschließend setzt man beim Ergebnis das Komma so, dass die Anzahl der Dezimalstellen der Anzahl der Summe der Dezimalstellen beider Faktoren entspricht.

Bsp.:
$$
\begin{array}{r}
1{,}65 \cdot 3{,}7 \\
\hline
495 \\
1155 \\
\hline
6{,}105
\end{array}
$$

Multiplikation (über Brüche)

Wandle die Dezimalzahlen zunächst in unechte Brüche um. Multipliziere die Brüche. Wandle das Ergebnis wieder in eine Dezimalzahl um.

Bsp.: $1{,}65 = \dfrac{165}{100}$ und $3{,}7 = \dfrac{37}{10}$

$\dfrac{165}{100} \cdot \dfrac{37}{10} = \dfrac{1221}{200} = 6\,\dfrac{21}{200} = 6\,\dfrac{105}{1000} = 6{,}105$

Division (über Brüche)

Wandle die Dezimalzahlen zunächst in unechte Brüche um. Dividiere die Brüche. Wandle das Ergebnis wieder in eine Dezimalzahl um.

Bsp.: $3{,}75 = \dfrac{375}{100}$ und $2{,}5 = \dfrac{25}{10}$

$\dfrac{375}{100} : \dfrac{25}{10} = \dfrac{3}{2} = 1\,\dfrac{1}{2} = 1{,}5$

Division (mathematisch)

Man verschiebt bei beiden Zahlen das Komma um gleich viele Stellen nach rechts, bis der Divisor eine natürliche Zahl ist. Danach dividiert man durch die natürliche Zahl. Beim Überschreiten des Kommas beim Dividenden wird auch im Ergebnis ein Komma gesetzt.

Bsp.: $3{,}75 : 2{,}5 = 37{,}5 : 25 = 1{,}5$

$$
\begin{array}{r}
37{,}5 : 25 = 1{,}5 \\
-25 \\
\hline
125 \\
-125 \\
\hline
0
\end{array}
$$

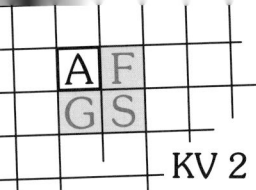
Problembewusstsein Addition:

1. Partner A wiegt sich. Notiert das Gewicht.

2. Partner B wiegt sich. Notiert das Gewicht.

3. Findet heraus, wie viel ihr zusammen wiegt,
indem ihr euch gemeinsam auf die Waage stellt.

4. Überlegt, wie ihr dies rechnerisch lösen könnt.
Hilfe könnt ihr euch auf den roten Plakaten holen.

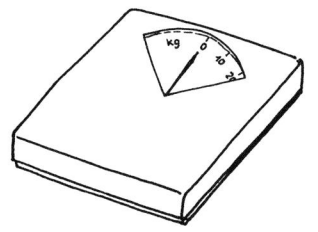

Problembewusstsein Subtraktion:

1. Wiegt zwei beliebige Gegenstände zusammen.
Notiert das Gewicht.

2. Nehmt einen Gegenstand herunter.
Notiert das Gewicht des Gegenstands auf der Waage.

3. Findet heraus, wie viel der zurückgebliebene Gegenstand wiegt.

4. Überlegt, wie ihr dies rechnerisch lösen könnt.
Hilfe könnt ihr euch auf den blauen Plakaten holen.

Problembewusstsein Multiplikation:

1. Paulas Mutter hat 3,7 kg Äpfel gekauft.

2. 1 kg Äpfel kostet 1,65 €.

3. Findet heraus, wie viel Paulas Mutter für ihre Äpfel ausgegeben hat.

4. Überlegt, wie ihr dies rechnerisch lösen könnt.
Hilfe könnt ihr euch auf den grünen Plakaten holen.

Problembewusstsein Division:

1. Im Laden kosten 2,5 kg Pommes 3,75 €.

2. Auf dem Markt kosten 4,5 kg Pommes 5,95 €.

3. Findet heraus, welches Kilo Pommes günstiger ist.

4. Überlegt, wie ihr dies rechnerisch lösen könnt.
Hilfe könnt ihr euch auf den gelben Plakaten holen.

© Verlag an der Ruhr | Autorinnen: K. Barth, S. Müller | ISBN 978-3-8346-2400-0 | www.verlagruhr.de

Rechnen mit Dezimalzahlen – *Stuhlaufstellung*

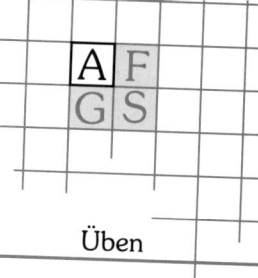

Inhaltsbezogene Kompetenz:
Ordnen und Vergleichen von rationalen Zahlen,
Ausführen von Grundrechenarten für rationale
Zahlen (Kopfrechnen)

Prozessbezogene Kompetenz:
AK03, AK04, P04

Sozialform: GA (7er- bis 10er-Gruppen)

Zeit: 25 min

Material:
Aufgabenkarten (BKV, S. 166), 4 DIN-A4-Blätter
(je 1 in rot, blau, grün und gelb), 4 Säckchen,
Schreibmaterial pro S

VORBEREITUNG

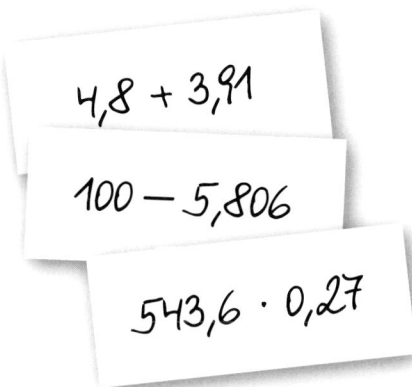

Die Lehrperson erstellt mithilfe der BKV 4 x 28 Aufgabenkarten
zu den vier Grundrechenarten (siehe Beispiel links), die jeweils auf
farbiges Tonpapier kopiert und ausgeschnitten werden (Addition
= rot, Subtraktion = blau, Multiplikation = gelb, Division = grün).
Alle Aufgabenkarten einer Farbe/Grundrechenart kommen in ein
Säckchen.
Die Klasse bildet Gruppen mit jeweils sieben bis zehn Schülern.
Für jede Gruppe wird eine Stuhlreihe aufgestellt (pro Schüler ein
Stuhl; die Lehnen sind alle auf derselben Seite). Jeder Schüler stellt
sich auf einen Stuhl, und jede Gruppe erhält eins der vier Säckchen.

VERLAUF

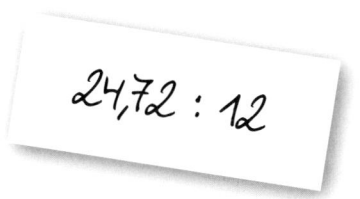

- Alle Schüler einer Gruppe ziehen aus demselben Säckchen eine
  Aufgabenkarte.
- Zum Lösen der Aufgabe dürfen sich die Schüler hinsetzen, wobei
  der Boden jedoch nicht berührt werden darf.
- Danach sortiert sich jede Gruppe entsprechend ihren Ergebnissen
  auf- bzw. absteigend auf der Stuhlreihe, ebenfalls ohne den Boden
  zu berühren.
- Fällt dabei ein Schüler von den Stühlen, erhält er eine neue Auf-
  gabenkarte und muss an einer von der Lehrperson vorgegebenen
  Stuhlreihenseite starten, um sich richtig einzusortieren.
- Die erste Gruppe in der richtigen Reihenfolge gewinnt.
- Es werden mehrere Runden gespielt, wobei die Gruppen immer
  ein anderes Säckchen erhalten, sodass jeder Schüler alle Rechenoperationen durchführen muss.

DIFFERENZIERUNG

Die Aufgaben können in ihrem Schwierigkeitsgrad z. B. durch die
Kombinationen der Rechenoperationen (neue Farbe) variiert werden.

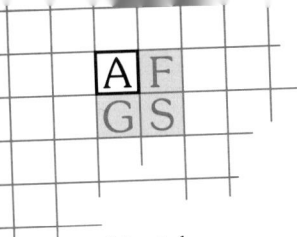

Rechnen mit Ganzen Zahlen –
Geteiltes vorwärts mal rückwärts

Inhaltsbezogene Kompetenz:
Ausführen von Grundrechenarten mit ganzen
Zahlen, Anwenden von arithmetischen Kenntnissen
von Zahlen und Größen

Prozessbezogene Kompetenz:
AK02, P01, P06

Sozialform: PA

Zeit: 45 min

Material:
Puzzle-Vorlage und -Anleitung zur Multiplikation,
Trimino-Vorlage und -Anleitung zur Division sowie
Anleitung zur Addition/Subtraktion (KV 1), 8 Brief-
umschläge, Kreppband, Laufzettel (KV 2)

VORBEREITUNG

Die Puzzle-KV wird 4-mal kopiert und auseinandergeschnitten.
Je ein Puzzle-Set und eine Anleitung kommen zusammen in einen
Umschlag. Die vier Umschläge werden auf vier Tische verteilt. Auch
die Trimino-KV wird 4-mal kopiert und ausgeschnitten. Auch hier
werden je eine Anleitung und ein Trimino-Set zusammen in einen
Umschlag gesteckt und die vier Umschläge werden auf vier weiteren
Tischen ausgelegt.
Für die Addition und Subtraktion werden mit dem Kreppband vier
Zahlenstrahle (20 cm = 1 LE) auf den Fußboden geklebt. Zu jedem
Zahlenstrahl wird eine Anleitung gelegt (diese muss also ebenso
4-mal kopiert werden).
Jeder Schüler erhält einen Laufzettel.

VERLAUF

- Die Schüler bearbeiten ihr Arbeitsblatt gemeinsam mit einem
  Partner: Sie beschäftigen sich an den Tischen und an den Zahlen-
  strahlen nacheinander mit den vier Grundrechenarten und füllen
  dazu passend die fehlenden Lücken auf dem Laufzettel aus.
  Dadurch erarbeiten sie sich eine Kurzanleitung zum Rechnen
  mit der jeweiligen Grundrechenart.
- Die Erläuterungen der Rechenwege der einzelnen Grundrechen-
  arten ergeben sich aus den Informationen an den Tischen.
- Ist ein Schülerpaar mit einer Grundrechenart fertig, gibt es der
  Lehrperson Bescheid, damit die Ergebnisse kontrolliert werden.

DIFFERENZIERUNG

- Schüler, die die Aufgaben vollständig richtig gelöst haben, können
  gut als Experten eingesetzt werden oder lösen alternative Aufgaben.
- Ist die Klasse das selbstständige Arbeiten gewohnt, können auch
  Lösungsblätter zur Selbstkontrolle ausgelegt werden. Alternativ
  wird auf die Rückseite jedes Triminos ein Bild kopiert/gezeichnet,
  bevor es auseinandergeschnitten wird.

Rechnen mit Ganzen Zahlen –
Anleitungen und Vorlagen (1/2)   KV 1

Anleitung Trimino: Legt die Karten offen auf den Tisch und wählt gemeinsam eine Startkarte. An diese erste Karte werden nun abwechselnd die anderen Karten so angelegt, dass einer Aufgabe das richtige Ergebnis zugeordnet wird. Das Spiel ist beendet, wenn die letzte Karte gelegt ist.

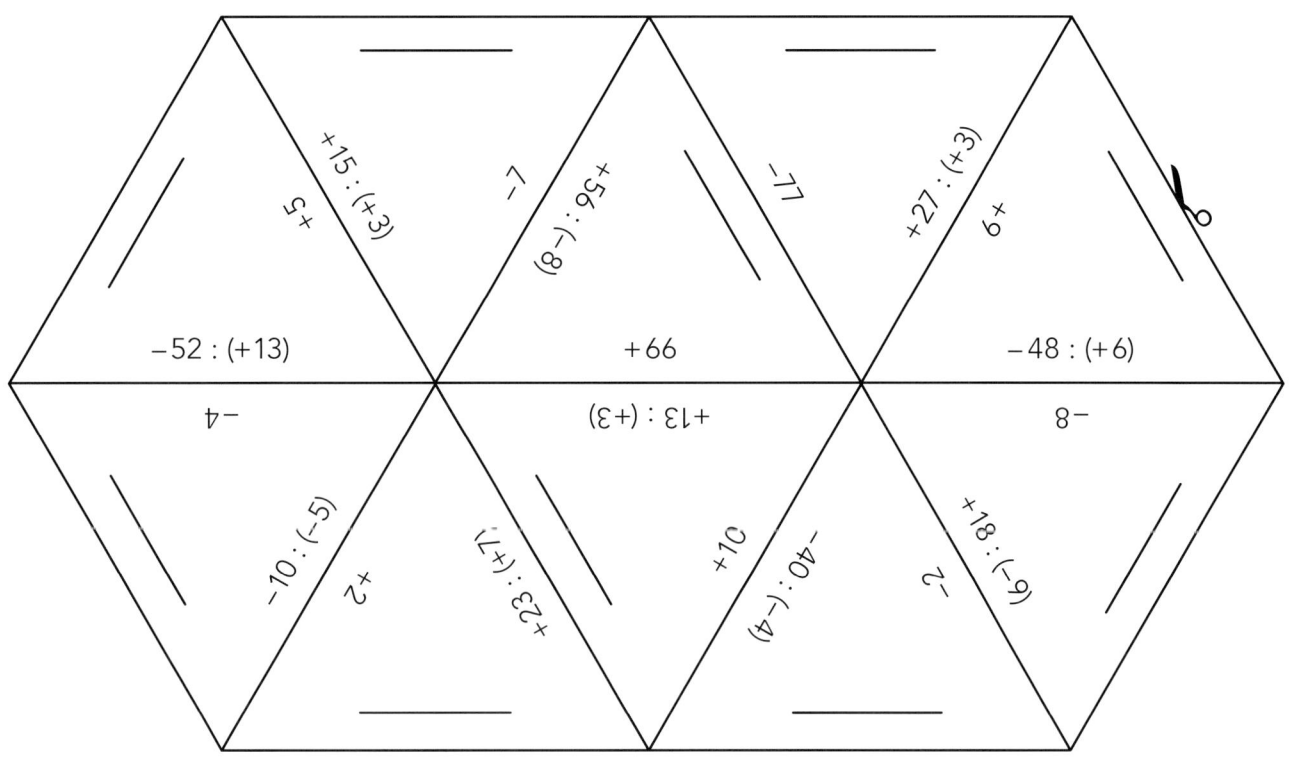

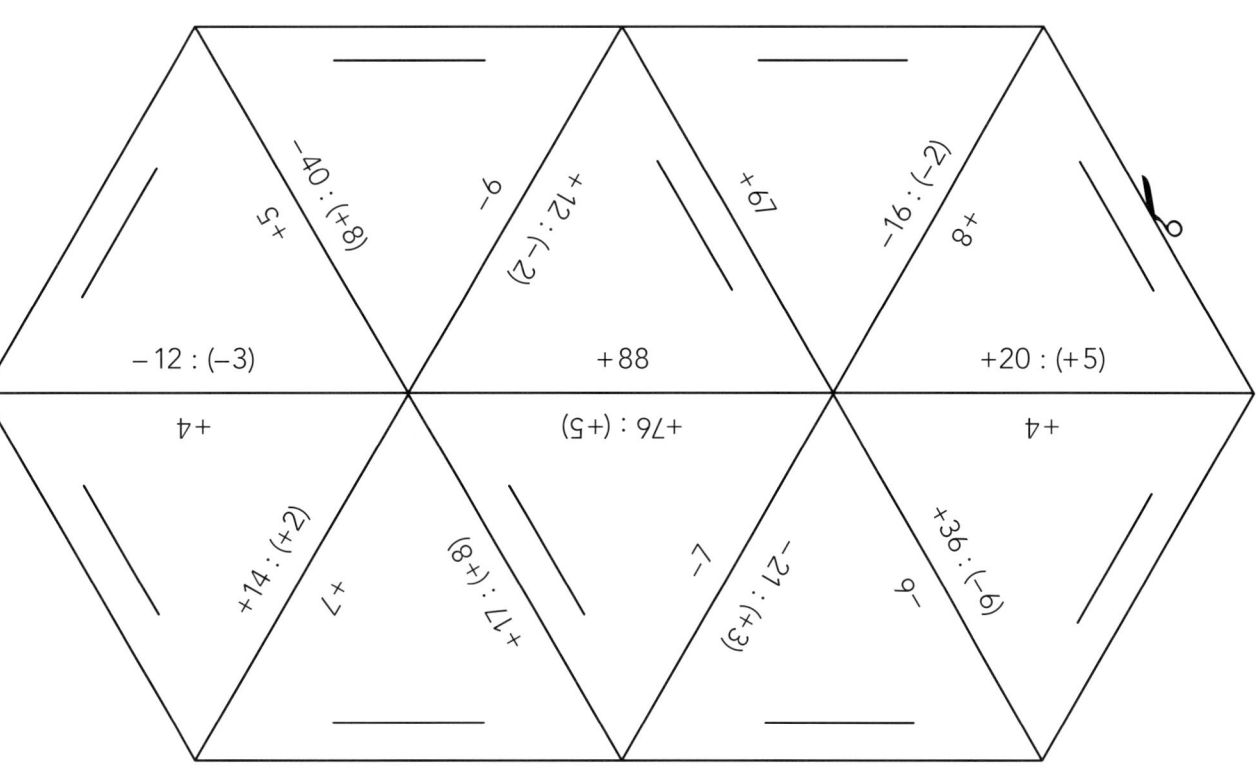

Anleitung Puzzle: Legt alle Puzzleteile so zusammen, dass 16 vollständige Multiplikationsaufgaben entstehen.

–5	·	–1	=	+5	+4	·	–2	=	–8
+3	·	+7	=	+21	–4	·	+6	=	–24
+5	·	+6	=	+30	–2	·	+3	=	–6
–1	·	–19	=	+19	+4	·	–3	=	+12
–6	·	–3	=	+18	+1	·	+8	=	+8
–4	·	+5	=	–20	+2	·	–5	=	–10
–7	·	+6	=	–42	+8	·	–2	=	–16
+2	·	+3	=	+6	–4	·	–9	=	+36

Anleitung: Zahlenstrahl

Stelle dich so auf den Zahlenstrahl, dass du links und rechts am Zahlenstrahl entlanggucken kannst (Schulterachse parallel zum Zahlenstrahl).
Wenn du nach links schaust, schaust du in die Richtung der positiven Zahlen; nach rechts blickend, siehst du die negativen Zahlen.
Stelle dich auf den Wert des ersten Summanden bzw. des Dividenden.

Ist das nachfolgende Rechenzeichen positiv, drehst du dich um 90° gegen den Uhrzeigersinn/in Richtung der positiven Zahlen.

Ist das nachfolgende Rechenzeichen negativ, drehst du dich um 90° im Uhrzeigersinn/in Richtung der negativen Zahlen.

Ist der zweite Summand bzw. der Divisor eine positive Zahl, schreitest du den entsprechenden Wert vorwärts.

Ist der zweite Summand bzw. der Divisor eine negative Zahl, schreitest du den entsprechenden Wert rückwärts.

Ist der zweite Summand bzw. der Divisor eine positive Zahl, schreitest du den entsprechenden Wert vorwärts.

Ist der zweite Summand bzw. der Divisor eine negative Zahl, schreitest du den entsprechenden Wert rückwärts.

© Verlag an der Ruhr | Autorinnen: K. Barth, S. Müller | ISBN 978-3-8346-2400-0 | www.verlagruhr.de

Rechnen mit Ganzen Zahlen –
Laufzettel   KV 2

Addition (+)

Berechne:

$+3 + (+6) = +3 \underline{\quad} 6 = \underline{\qquad}$

$+3 + (-6) = +3 \underline{\quad} 6 = \underline{\qquad}$

$-3 + (+6) = -3 \underline{\quad} 6 = \underline{\qquad}$

$-3 + (-6) = -3 \underline{\quad} 6 = \underline{\qquad}$

Regeln:

- Zwei aufeinanderfolgende positive Zeichen ergeben ein _____ Zeichen, kurz: + + = _____

- Ein negatives Zeichen folgend auf ein positives Zeichen ergibt ein _____ Zeichen, kurz: + – = _____

Subtraktion (–)

Berechne:

$+3 - (+6) = +3 \underline{\quad} 6 = \underline{\qquad}$

$+3 - (-6) = +3 \underline{\quad} 6 = \underline{\qquad}$

$-3 - (+6) = -3 \underline{\quad} 6 = \underline{\qquad}$

$-3 - (-6) = -3 \underline{\quad} 6 = \underline{\qquad}$

Regeln:

- Zwei aufeinanderfolgende negative Zeichen ergeben ein _____ Zeichen, kurz: – – = _____

- Ein positives Zeichen folgend auf ein negatives Zeichen ergibt ein _____ Zeichen, kurz: – + = _____

Multiplikation (·)

Berechne:

$+6 \cdot (+3) = \underline{\qquad}$

$+6 \cdot (-3) = \underline{\qquad}$

$-6 \cdot (+3) = \underline{\qquad}$

$-6 \cdot (-3) = \underline{\qquad}$

Regeln:

- Wenn man zwei positive Zahlen multipliziert, ergibt dies eine _____ Zahl, kurz: + · + = _____

- Wenn man zwei negative Zahlen multipliziert, ergibt dies eine _____ Zahl, kurz: – · – = _____

- Wenn man eine positive Zahl mit einer negativen Zahl multipliziert, ergibt dies eine _____ Zahl, kurz: + · – = _____

- Wenn man eine negative Zahl mit einer positiven Zahl multipliziert, ergibt dies eine _____ Zahl, kurz: – · + = _____

Division (:)

Berechne:

$+6 : (+3) = \underline{\qquad}$

$+6 : (-3) = \underline{\qquad}$

$-6 : (+3) = \underline{\qquad}$

$-6 : (-3) = \underline{\qquad}$

Regeln:

- Wenn man zwei positive Zahlen dividiert, ergibt dies eine _____ Zahl, kurz: + : + = _____

- Wenn man zwei negative Zahlen dividiert, ergibt dies eine _____ Zahl, kurz: – : – = _____

- Wenn man eine positive Zahl durch eine negative Zahl dividiert, ergibt dies eine _____ Zahl, kurz: + : – = _____

- Wenn man eine negative Zahl durch eine positive Zahl dividiert, ergibt dies eine _____ Zahl, kurz: – : + = _____

© Verlag an der Ruhr | Autorinnen: K. Barth, S. Müller | ISBN 978-3-8346-2400-0 | www.verlagruhr.de

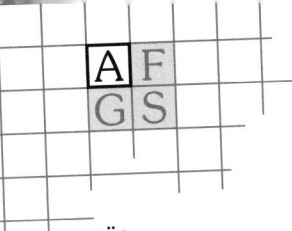

Rechnen mit Ganzen Zahlen –
Schnelle Dreifaltigkeit

Üben

Inhaltsbezogene Kompetenz:
Ausführen von Grundrechenarten mit ganzen Zahlen, Anwenden der arithmetischen Kenntnisse von Zahlen und Größen, Darstellen von ganzen Zahlen auf verschiedene Weisen

Prozessbezogene Kompetenz:
AK04, AK07, P04, P05

Sozialform: KU

Zeit: 15 min

Material:
Zahlenfeld-Folie (BKV, S. 166), Zahlenkärtchen (BKV, S. 166), 1 Säckchen, OHP

VORBEREITUNG

Zum Erstellen des Zahlenfelds werden zunächst die Kästchen der BKV halbiert und in die 56 Felder gut verteilt die Zahlen von −9 bis +9 eingetragen. Dabei sollte beachtet werden, dass nicht drei gleiche Zahlen nebeneinanderstehen.
Ebenfalls mithilfe der BKV werden 100 Zahlenkärtchen (von −50 bis +50) erstellt und in dem Säckchen bereitgelegt. Das Zahlenfeld wird an die Wand projiziert.

VERLAUF

- Es wird ein Zahlenkärtchen aus dem Säckchen gezogen und laut vorgelesen.
- Die Schüler versuchen nun, auf der Folie so schnell wie möglich eine Rechenkombination aus drei Zahlen zu finden, die als Ergebnis den gezogenen Zahlenwert hat. Dabei gelten folgende Regeln:
  - ✦ Es muss einmal Punkt- und einmal Strichrechnung benutzt werden.
  - ✦ Die drei Zahlen stehen waagerecht, senkrecht oder diagonal in einer Reihe.
- Hat ein Schüler eine passende Kombination gefunden, zeigt er auf und rechnet laut vor. Bei geeigneter Rechenkombination erhält der Schüler das Zahlenkärtchen. Ist sie falsch, darf ein anderer Schüler seine Kombination nennen.
- Es kann vorkommen, dass ein Zahlenwert nicht durch eine Rechenkombination erreicht werden kann. Dann sollte man nach einer gewissen Zeit das Zahlenkärtchen an die Seite legen oder die Vorschrift „in einer Reihe" durch „aneinander angrenzen" ersetzen.
- Der Schüler mit den meisten Zahlenkärtchen gewinnt.

DIFFERENZIERUNG

- Das Zahlenspektrum kann auf −25 bis +25 begrenzt werden.
- Für das Üben des „Rechnens mit natürlichen Zahlen" bieten sich die Zahlen von 1 bis 9 auf einem 7 x 7-Feld und die Zahlenkärtchen von 1 bis 50 an.

Umgang mit Termen –
Trainer Kloppinski erklärt

Inhaltsbezogene Kompetenz:
Zusammenfassen, Ausmultiplizieren und Faktorisieren
von Termen

Prozessbezogene Kompetenz:
AK09, AK10, P07, P13

Sozialform: GA (5er-Gruppen)

Zeit: 2 x 45 min

Material: Dialog- und Term-Karten (KV 1), farbiges
Papier (rot, grün, gelb, blau, orange), DIN-A5-Karten,
Tabellenvorlagen (KV 2), 1 Würfel pro Gr

VORBEREITUNG

1. Addition/Subtraktion (rot)

2. Multiplikation (grün)

3. Division (gelb)

4. Klammern auflösen (blau)

5. Ausklammern (orange)

Es gibt fünf Themenbereiche, die jeweils einer Farbe zugeordnet sind
(siehe Kasten links).
Das Material zu jedem Themenbereich besteht aus einer Dialogkarte,
ein bis zwei Term-Karten und einem Kartensatz (KV 1). Die Dialog- und
Term-Karten werden entsprechend der Gruppenanzahl auf farbiges
Papier kopiert, die einzelnen Ausdrücke der Kartensätze werden eben-
falls entsprechend der Gruppenzahl jeweils auf A5-Karten übertragen.
So erhält jede Gruppe zu jedem Themenbereich ein komplettes
Materialset. Darüber hinaus bekommt jede Gruppe einen Würfel,
und jeder Schüler erhält sechs Tabellenvorlagen (3-mal KV 2).
Den Schülern wird die Bearbeitungsreihenfolge der Themenbereiche
vorgegeben (siehe Kasten links). Außerdem wird die Darstellungsliste
(KV 1) für die erste Durchführungsphase für alle sichtbar gemacht und
kurz besprochen, um eventuelle Unklarheiten zu beseitigen.

VERLAUF

Jeder Bereich wird auf gleiche Weise bearbeitet:

Phase 1: Alle Gruppen stellen den Dialog nach:
- Die Schüler lesen die Dialog-Karte und verteilen die einzelnen
  Karten des Kartensatzes, sodass jeder Ausdruck durch einen
  Schüler verkörpert wird.
- Die Schüler stellen sich entsprechend des Dialogs gegenüber auf:
  Auf der einen Seite befindet sich der Term (erste Aussage),
  auf der anderen seine Umformung (zweite Aussage).
- Die Rechenzeichen werden entsprechend der Liste dargestellt.

Phase 2: Verdeutlichung der Regel
- Jede Gruppe füllt für den aktuellen Themenbereich ein Tabellen-
  blatt aus: Die nebeneinanderstehenden Terme der Term-Karten
  werden in die einzelnen Tabellen übertragen. Pro Term-Paar werden
  3-mal die beiden Variablen (V) erwürfelt und die Werte berechnet
  (siehe Beispiel auf KV 2).
- Darauf aufbauend, stellen die Schüler eine eigene Regel auf.

DIFFERENZIERUNG

Es bietet sich an, nach den ersten drei Themenbereichen die Einheit
„Umgang mit Termen üben" (S. 53) einzuschieben, um die Bereiche
Addition/Subtraktion, Multiplikation und Division zunächst getrennt
von Klammern auflösen und Ausklammern zu bearbeiten.

Umgang mit Termen –
KV 1 *Themen-Material und Darstellungsliste (1/2)*

Addition/Subtraktion (rot)

Dialog-Karte:

„Ich habe im Mai drei Spieler aus **r**eal
und zwei aus **m**anU eingekauft,
im Juni nochmals zwei aus **r**eal."

—

„Das sind ja fünf aus **r**eal
und zwei aus **m**anU!"

Term-Karte:

$5xy^2 + 3xy^2$	$8xy^2$
$2ab + 2a$	$4ab$
$12r - 3r$	$9r$

Kartensatz (auf DIN-A5-Karten übertragen):

3r	2m	2r	5r	2m

Multiplikation (grün)

Dialog-Karte:

„Ein Fußballfeld ist 5 Einheiten **b**reit
und 10 Einheiten **l**ang."

—

„Das sind ja 50 Einheiten
breit**l**ang!"

Term-Karte:

$2 \cdot 4ab$	$8ab$
$5x \cdot 3x$	$15x^2$
$3ab \cdot 2$	$6a^2b^2$

Kartensatz (auf DIN-A5-Karten übertragen):

5b	10l	50bl

Division (gelb)

Dialog-Karte:

„Ich habe 22 **f**ußbälle
für elf Spieler."

—

„Das sind ja 2 **f**ußbälle
pro Spieler!"

Term-Karte:

$24x : 6x$	4
$16ab : 8a$	$2b$
$9k : 3m$	$3\frac{k}{m}$

Kartensatz (auf DIN-A5-Karten übertragen):

22f	11	2f

© Verlag an der Ruhr | Autorinnen: K. Barth, S. Müller | ISBN 978-3-8346-2400-0 | www.verlagruhr.de

Klammern auflösen (blau)

Dialog-Karte:

> „Ich habe 20 Feldspieler,
> jeder benötigt drei **h**osen und vier **t**rikots."
> —
> „Das sind ja 60 **h**osen und 80 **t**rikots!"

Term-Karte 1:

$3x \cdot (2y + 5z)$	$6xy + 15xz$
$-(3x - 5y)$	$-3x + 5y$
$2k \cdot (3j + 1)$	$6kj$

Kartensatz (auf DIN-A5-Karten übertragen):

20	3h	4t	60h	80t

Term-Karte 2:

$(6a - 3b) : 3$	$2a - b$
$(8ab - 6a) : 2a$	$4b - 3$
$(2a + 4) : 3c$	$2ac$

Ausklammern (orange)

Dialog-Karte:

> „Ich benötige 13 **s**tangen und 26 **p**ylonen."
> —
> „Ich habe eine **s**tange und zwei **p**ylonen
> im Angebot gesehen. Das ist ja 13-mal
> das Angebot."

Term-Karte:

$20x + 16xy$	$4x \cdot (5 + 4y)$
$-6b + 7ab$	$b \cdot (-6 + 7a)$
$7 \cdot (a + b) + 6 \cdot (a + b)$	$13 \cdot (a + b)$

Kartensatz (auf DIN-A5-Karten übertragen):

13s	26p	13	s	2p

Darstellungsliste der Rechenzeichen

+   Die beiden Kartenhalter haken sich mit den Armen ein.

–   Der eine Kartenhalter hält ein gestrecktes Bein des anderen hoch.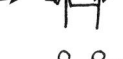

·   Die beiden Kartenhalter kreuzen ihre Unterarme.

:   Die beiden Kartenhalter strecken je einen Arm zur Seite und machen
      eine Faust, sodass die beiden Fäuste in der Luft übereinanderstehen.

( )   Die beiden Kartenhalter umarmen sich mit einem Arm.

© Verlag an der Ruhr | Autorinnen: K. Barth, S. Müller | ISBN 978-3-8346-2400-0 | www.verlagruhr.de

Umgang mit Termen –
KV 2 *Tabellenvorlagen*

Beispiel:

1. V	2. V	Term 1	Wert 1	Term 2	Wert 2
x	y	$5xy^2 + 3xy^2$		$8xy^2$	
2	4	$5 \cdot 2 \cdot 4^2 + 3 \cdot 2 \cdot 4^2$	256	$8 \cdot 2 \cdot 4^2$	256

Vorlagen:

1. V	2. V	Term 1	Wert 1	Term 2	Wert 2

1. V	2. V	Term 1	Wert 1	Term 2	Wert 2

1. V	2. V	Term 1	Wert 1	Term 2	Wert 2

Formuliert eine eigene Regel: _____

_____

1. V	2. V	Term 1	Wert 1	Term 2	Wert 2

1. V	2. V	Term 1	Wert 1	Term 2	Wert 2

1. V	2. V	Term 1	Wert 1	Term 2	Wert 2

Formuliert eine eigene Regel: _____

_____

© Verlag an der Ruhr | Autorinnen: K. Barth, S. Müller | ISBN 978-3-8346-2400-0 | www.verlagruhr.de

Umgang mit Termen –
3 mit 3 für 1 Ball

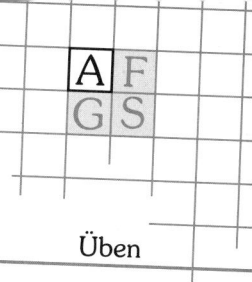

Inhaltsbezogene Kompetenz:
Zusammenfassen, Ausmultiplizieren und Faktorisieren
von Termen

Prozessbezogene Kompetenz:
AK10, P09, P14

Sozialform: GA (3er-Gruppen)

Zeit: 25 min

Material: Aufgabenblatt und Lösungsblatt
(BKV, S. 166), 1 Ball

VORBEREITUNG

Die Lehrperson schreibt 28 Terme in unterschiedlichen Schwierigkeitsgraden auf die BKV und erstellt auf gleiche Weise auch ein
passendes Lösungsblatt mit den für sie wichtigen Lösungsschritten.
Das Aufgabenblatt wird entsprechend der Gruppenanzahl vervielfältigt und das Lösungsblatt wird jeweils auf die Rückseite kopiert.
Die Zettel werden im Raum verteilt, sodass die Aufgaben oben liegen,
und jede Gruppe wird einem bestimmten Blatt zugeordnet (ggf. farbige
Aufgabenblätter). Darüber hinaus sucht sich jede Gruppe einen festen
Arbeitsplatz.

VERLAUF

- Jede Gruppe geht zu ihrem Aufgabenblatt. Dort sucht sich jeder
  Schüler eine Aufgabe aus und berechnet diese am Gruppen-Arbeits-
  platz.
- Bevor die Lösung mit der Rückseite abgeglichen wird, kontrollieren
  sich die Schüler innerhalb der Gruppe gegenseitig.
- Sind die Lösungen aller drei Gruppenmitglieder richtig, ruft die
  Gruppe an ihrem Platz „Fertig!". Sie bekommt den Ball zugeworfen
  und hat Pause. Ruft die nächste Gruppe „Fertig!", wird der Ball
  weitergepasst. Es werden nun neue Aufgaben vom Gruppen-Auf-
  gabenblatt ausgesucht, am Arbeitsplatz berechnet und kontrolliert.
- Ist ein Lösungsweg oder eine Lösung falsch, muss die Gruppe dies
  korrigieren. Sie darf nicht „Fertig!" rufen und bekommt keinen Ball,
  sondern geht direkt zu ihrem Aufgabenblatt, um sich neue Terme
  auszusuchen.
- Für jeden Pass erhält die Klasse einen Punkt. Die Lehrperson zählt
  die Punkte. Die Schüler können so z. B. um den Umfang der Hausaufgaben spielen.

DIFFERENZIERUNG

Die Aufgabenblätter können Aufgaben aus nur einem Bereich (z. B.
Ausklammern) beinhalten. Werden mehr Bereiche gemischt, erhöht
sich der Schwierigkeitsgrad.

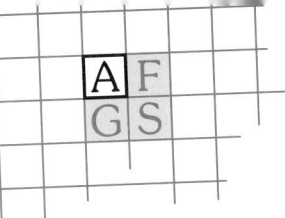

Lösen linearer Gleichungen –
Bodyguard

Verstehen

Inhaltsbezogene Kompetenz:
Lösen von linearen Gleichungen sowohl durch
Probieren als auch algebraisch und Nutzen der
Probe als Rechenkontrolle

Prozessbezogene Kompetenz:
AK08, AK10, P11

Sozialform: PA, GA (3er- oder 4er-Gruppen)

Zeit: 45 min

Material:
Kreppband, farbiges Papier (rot, gelb, weiß)
für die Aufgabensets (BKV, S. 166)

VORBEREITUNG

Zunächst wird mit dem Kreppband auf jeden Tisch eine Mittellinie
geklebt. Für Phase 2 werden außerdem mithilfe der BKV pro Gruppe
zwei Aufgabensets erstellt (vgl. Foto): die Gleichungs- und Lösungskarten in rot, Aufgabenkarten in weiß und die Auftragskarten in gelb.
Zu Beginn der Einheit sollte eine kleine Erinnerung an Gleichungen
und ihre Lösungsmöglichkeiten vorangestellt werden.

VERLAUF

Phase 1:
Die Schüler bilden Paare und setzen sich an die Tische. Schüler A
macht eine Bewegung vor. Schüler B erzeugt auf der anderen Seite
der Linie das Spiegelbild. So verinnerlichen die Schüler, dass beim
Lösen linearer Gleichungen auf beiden Seiten des Gleichzeichens
immer genau dasselbe geschieht.

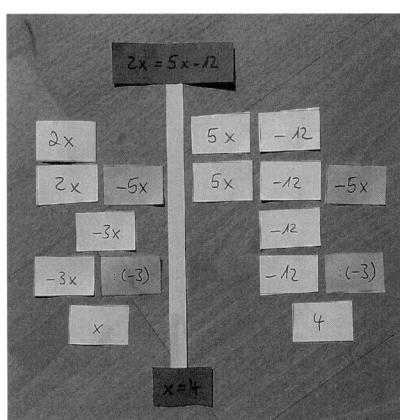

Phase 2:
- Die Schüler bilden 3er- oder 4er-Gruppen, setzen sich an einen Tisch
  und erhalten zwei Aufgabensets mit folgendem Arbeitsauftrag:
  - ✦ Findet heraus, wie man von der großen, roten Karte (Gleichung)
    zur kleinen, roten Karte (Lösung) kommt. Ziel ist es, x zu isolieren.
  - ✦ Dabei sind wir Bodyguards, die auf dem Weg zur Oscar-Verleihung
    mithilfe der gelben Auftragskarten alles aus dem Weg räumen.
  - ✦ Legt zunächst mit den weißen Karten links und rechts vom
    Kreppband die entsprechenden Teile der Aufgabe nach.
  - ✦ Dann versucht ihr mit den gelben Karten, x zu isolieren. Aber
    Achtung! Was ihr links vom Kreppband macht, müsst ihr auch
    rechts machen (eine gelbe Auftragskarte muss immer links und
    rechts gleichzeitig ausgelegt werden).
  - ✦ Jeder Schritt auf dem Weg zur Oscar-Verleihung enthält somit
    die gleiche Aussage/hat den gleichen Wert.
- Danach entwickeln die Gruppen eine Lösungsstrategie und notie-
  ren diese (x auf eine Seite ➙ Rest auf andere Seite ➙ x isolieren).
- Sie überprüfen ihre Strategie anhand des zweiten Aufgabensets.

DIFFERENZIERUNG

- Fertige Gruppen können zusätzlich schwierigere (mehrschrittigere)
  Aufgabensets erhalten.
- Außerdem können fertige Gruppen Ansprechpartner für andere
  Gruppen werden.

Lösen linearer Gleichungen –
Herausforderungen an der Wäscheleine

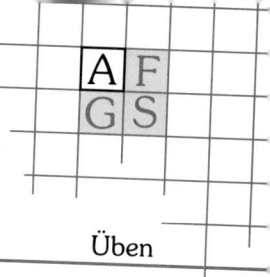

Inhaltsbezogene Kompetenz:
Algebraisches Lösen von linearen Gleichungen und Nutzen der Probe als Rechenkontrolle, Verwenden von Kenntnissen über lineare Gleichungen zur Lösung inner- und außermathematischer Probleme

Prozessbezogene Kompetenz:
P09, P14, M04, M05

Sozialform: PA

Zeit: 45 min

Material:
Aufgabenkarten (BKV, S. 166), 6 nummerierte Säckchen, 1 Wäscheleine, 1 Wäscheklammer pro S

VORBEREITUNG
Es gibt sieben Aufgabenbereiche: 1 → einfache Gleichungen, 2 → schwierige Gleichungen, 3 → Fehlersuche, 4 → unterschiedliche Lösungswege, 5 → Anwendungsaufgaben, 6 → Zufallsaufgabe, 7 → Aufgaben erfinden.
Die Lehrperson beschriftet für die Bereiche 1–6 je eine BKV. Auf jedes der 6 x 28 Kärtchen kommt eine zum Bereich passende Aufgabe (siehe Tabelle). Die Aufgabenkärtchen kommen in die nach den Bereichen nummerierten Säckchen. Die Schüler zeichnen ein Portrait eines Mitschülers und hängen es mit Namen an die Wäscheleine. So entsteht eine willkürliche Start-Rangfolge (links hängt Platz 1).

VERLAUF
- Ein Schüler fordert einen anderen Schüler mit einer besseren Platzierung heraus und bestimmt auch den Aufgabenbereich.
- Beide ziehen je eine Aufgabenkarte aus dem entsprechenden Säckchen (wurde Bereich 7 gewählt, denken sich beide Schüler eine Aufgabe aus und notieren diese auf einem Zettel).
- Die Aufgaben werden gleichzeitig gelöst, die Lösung und der Lösungsweg werden gegenseitig kontrolliert.
- Der Schnellere mit richtiger Lösung gewinnt. Eine falsche Lösung verliert. Die Portraits des Gewinners und des Verlierers werden von der Lehrperson entsprechend der in der Tabelle notierten „Wäscheleinenwege" verrückt.

DIFFERENZIERUNG
Die Schüler können je nach Leistungsstand den Säckchen zugeordnet werden.

Bereich	Beispielaufgaben	Wäscheleinenwege
1	$15x - 21 = 12x$	Gewinner: 1 vor; Verlierer: /
2	$3x - 14 + 5x = 11 + 8x - 25$	Gewinner: 2 vor; Verlierer: /
3	$3 - 4x + 2 = x - 5x \leftrightarrow 1 - 4x = -4x$, L = { }	Gewinner: 1 vor; Verlierer: 1 zurück
4	keine: $11x + 2 = 11x + 4$; eine: $11x + 2 = 46$; unendlich: $11x + 2 = 11x + 2$	Gewinner: 2 vor; Verlierer: 2 zurück
5	Ben ist heute doppelt so alt wie Lea. In acht Jahren werden sie zusammen 40 Jahre alt. Wie alt ist Ben heute, wie alt Lea?	Gewinner: 2 vor; Verlierer: 1 vor
6	verschiedene Aufgaben aus allen Bereichen	Gewinner: / ; Verlierer: 2 zurück
7	Beide Schüler denken sich je eine Aufgabe aus und geben sie dem anderen Schüler zur Berechnung.	Aufgabe lösbar: 1 vor (u. U. beide Schüler) Gewinner: 1 vor; Verlierer: /

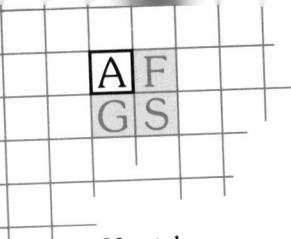

Lösen eines linearen Gleichungssystems –
Lass mich kurz überlegen – läuft!

Verstehen

Inhaltsbezogene Kompetenz:	**Sozialform:** GA (4 Gruppen)
Algebraisches und grafisches Operieren mit linearen Gleichungssystemen mit zwei Variablen	
	Zeit: 90 min
Prozessbezogene Kompetenz:	**Material:** Aufgabenkarten (BKV, S. 166),
AK08, AK12, P08, P09	Expertenkarten (KV)

VORBEREITUNG

Mithilfe der BKV werden 28 Aufgabenkarten mit je einem linearen Gleichungssystem (LGS) erstellt (vgl. Beispiel links). Je 7 Aufgabenkarten werden auf vier Tischen bereitgelegt. Die Klasse verteilt sich in vier Gruppen auf die vier Tische. Ein Schüler jeder Gruppe ist ein Experte, der sich (z. B. als Hausaufgabe) vorab anhand der Expertenkarte mit einem der Lösungsverfahren für LGS (grafisches Verfahren, Einsetzungs-, Gleichsetzungs-, Additionsverfahren) beschäftigt hat.

$$5x + 2y = 16$$
$$4x + 3y = 3$$

VERLAUF

- An jeder Tischgruppe erklärt der Experte mithilfe seiner Expertenkarte am Beispiel 1 („eine Lösung") das entsprechende Lösungsverfahren. Rückfragen sind erwünscht. Außerdem werden die unterschiedlichen Lösungsmengen anhand der Beispiele 2 und 3 thematisiert.
- Jeder Schüler zieht eine Aufgabenkarte und notiert diese zusammen mit der Anleitung des ersten Schrittes des Lösungsverfahrens auf einem Zettel. Diese Zettel werden im Uhrzeigersinn weitergegeben. Jeder Schüler bearbeitet den auf dem ihm vorliegenden Zettel notierten Schritt und notiert dazu die Anleitung des nächsten Schrittes, bevor die Zettel erneut reihum weitergegeben werden.
- Dies geschieht, bis alle Schritte des Lösungsverfahrens bearbeitet sind (am ersten Tisch dauert dies ca. 30 Minuten, ab der zweiten Runde werden ca. 20 Minuten pro Tisch benötigt).
- Ist eine Gruppe vor den anderen fertig, kontrolliert jeder die Schritte der ihm nun vorliegenden Aufgabe.
- Der Tischwechsel zum nächsten Experten erfolgt bei allen Gruppen zeitgleich im Joggingtempo: Jede Gruppe rotiert einen Tisch weiter. Dort stellen sich alle Schüler für einen Belohnungs-Gruppenpunkt auf die erreichten Stühle.
- In der zweiten, dritten oder vierten Runde erklärt die Lehrperson den Experten die ihnen unbekannten Lösungsverfahren, während die anwesende Gruppe die Lösungsschritte anhand der Aufgabenkarten durchführt.

DIFFERENZIERUNG

- Wenn die Klasse mit allen vier Lösungsverfahren gleichzeitig überfordert ist, kann auch an allen Tischen dasselbe Lösungsverfahren gelernt werden.
- Es kann ein fünfter Tisch mit einem fünften Experten eingerichtet werden, bei dem das Aufstellen (ohne Lösen) von LGS gelernt wird (siehe KV).

GRAFISCHES VERFAHREN			
Schritt-für-Schritt-Anleitung	**Beispiel 1** eine Lösung	**Beispiel 2** keine Lösung	**Beispiel 3** unendliche viele Lösungen
1. Aufgabe notieren.	$\begin{vmatrix} 2x + y = 7 \\ -8x + 2y = 2 \end{vmatrix}$	$\begin{vmatrix} -6x + 2y = -2 \\ -9x + 3y = 3 \end{vmatrix}$	$\begin{vmatrix} 4x + 2y = 4 \\ -2x - y = -2 \end{vmatrix}$
2. Forme beide Gleichungen nach y um.	$\leftrightarrow \begin{vmatrix} y = 7 - 2x \\ y = 1 + 4x \end{vmatrix}$	$\leftrightarrow \begin{vmatrix} y = -1 + 3x \\ y = 1 + 3x \end{vmatrix}$	$\leftrightarrow \begin{vmatrix} y = 2 - 2x \\ -2x + 2 = y \end{vmatrix}$
3. Zeichne die beiden linearen Gleichungen in ein Koordinatensystem.			
4. Diejenigen Punkte, die auf beiden Geraden liegen, sind Lösungen.	ein Schnittpunkt S = (1 | 5)	parallele Geraden	identische Geraden
5. Gib die Lösungsmenge an.	$L = \{(1 \mid 5)\}$	$L = \{\}$	$L = \{(x\mid y) \mid y = -2x + 2\}$

© Verlag an der Ruhr | Autorinnen: K. Barth, S. Müller | ISBN 978-3-8346-2400-0 | www.verlagruhr.de

EINSETZUNGSVERFAHREN

Schritt-für-Schritt-Anleitung	Beispiel 1 eine Lösung	Beispiel 2 keine Lösung	Beispiel 3 unendliche viele Lösungen
1. Aufgabe notieren.	$\begin{vmatrix} 2x - 5y = 8 \\ -x + 4y = 2 \end{vmatrix}$	$\begin{vmatrix} 4x - 6y = 12 \\ 2x = 3y + 2 \end{vmatrix}$	$\begin{vmatrix} 48x = 8y \\ 36x - 6y = 8 \end{vmatrix}$
2. Löse eine Gleichung nach einer Variablen auf.	$\leftrightarrow \begin{vmatrix} 2x - 5y = 8 \\ 4y - 2 = x \end{vmatrix}$	$\leftrightarrow \begin{vmatrix} 4x - 6y = 12 \\ x = 1,5y + 4 \end{vmatrix}$	$\leftrightarrow \begin{vmatrix} 6x = y \\ 36x - 6y = 0 \end{vmatrix}$
3. Setze den erhaltenen Term in die andere Gleichung mit zwei Variablen ein. Behalte die Gleichungen mit zwei Variablen bei.	$\leftrightarrow \begin{vmatrix} 2 \cdot (4y - 2) - 5y = 8 \\ 4y - 2 = x \end{vmatrix}$	$\leftrightarrow \begin{vmatrix} 4 \cdot (1,5y + 4) - 6y = 12 \\ x = 1,5y + 4 \end{vmatrix}$	$\leftrightarrow \begin{vmatrix} 6x = y \\ 36x - 6 \cdot 6x = 0 \end{vmatrix}$
4. Löse die Gleichung mit einer Variablen nach dieser auf.	$\leftrightarrow \begin{vmatrix} y = 4 \\ 4y - 2 = x \end{vmatrix}$	$\leftrightarrow \begin{vmatrix} 16 = 12 \\ x = 1,5y + 4 \end{vmatrix}$ ↯	$\leftrightarrow \begin{vmatrix} 6x = y \\ 0 = 0 \end{vmatrix}$ ✓
5. Setze diese Variable in die andere Gleichung mit zwei Variablen ein.	$\leftrightarrow \begin{vmatrix} y = 4 \\ 4 \cdot 4 - 2 = x \end{vmatrix}$	/	/
6. Berechne die zweite Variable.	$\leftrightarrow \begin{vmatrix} y = 4 \\ 14 = x \end{vmatrix}$	/	/
7. Mache eine Probe.	$\begin{vmatrix} 2 \cdot 14 - 5 \cdot 4 = 8 \\ -14 + 4 \cdot 4 = 2 \end{vmatrix}$ $\leftrightarrow \begin{vmatrix} 8 = 8 \\ 2 = 2 \end{vmatrix}$ ✓	/	/
8. Gib die Lösungsmenge an.	$L = \{(14 \mid 4)\}$	$L = \{\}$	$L = \{(x \mid y) \mid y = 6x\}$

© Verlag an der Ruhr | Autorinnen: K. Barth, S. Müller | ISBN 978-3-8346-2400-0 | www.verlagruhr.de

GLEICHSETZUNGSVERFAHREN

Schritt-für-Schritt-Anleitung	Beispiel 1 eine Lösung	Beispiel 2 keine Lösung	Beispiel 3 unendliche viele Lösungen
1. Aufgabe notieren.	$\begin{vmatrix} -6x + 3y = -33 \\ -15x + 5y = -70 \end{vmatrix}$	$\begin{vmatrix} 2x - y = 1 \\ y = 2x + 3 \end{vmatrix}$	$\begin{vmatrix} 0{,}4x - y = -1 \\ 5y = 2x + 5 \end{vmatrix}$
2. Löse beide Gleichungen nach derselben Variablen auf.	$\leftrightarrow \begin{vmatrix} -2x + y = -11 \\ -3x + y = -14 \end{vmatrix}$ $\leftrightarrow \begin{vmatrix} y = 2x - 11 \\ y = 3x - 14 \end{vmatrix}$	$\leftrightarrow \begin{vmatrix} 2x - 1 = y \\ y = 2x + 3 \end{vmatrix}$	$\leftrightarrow \begin{vmatrix} 0{,}4x + 1 = y \\ y = 0{,}4x + 1 \end{vmatrix}$
3. Erzeuge durch Gleichsetzen eine Gleichung mit einer Variablen. Behalte eine der beiden Gleichungen mit zwei Variablen bei.	$\leftrightarrow \begin{vmatrix} 2x - 11 = 3x - 14 \\ y = 2x - 11 \end{vmatrix}$	$\leftrightarrow \begin{vmatrix} 2x - 1 = 2x + 3 \\ y = 2x + 3 \end{vmatrix}$	$\leftrightarrow \begin{vmatrix} 0{,}4x + 1 = 0{,}4 + 1 \\ y = 0{,}4x + 1 \end{vmatrix}$
4. Löse die Gleichung mit einer Variablen.	$\leftrightarrow \begin{vmatrix} 3 = x \\ y = 2x - 11 \end{vmatrix}$	$\leftrightarrow \begin{vmatrix} -1 = 3 \\ y = 2x + 3 \end{vmatrix}$ ✗	$\leftrightarrow \begin{vmatrix} 1 = 1 \\ y = 0{,}4x + 1 \end{vmatrix}$ ✓
5. Setze diese Variable in die andere Gleichung mit zwei Variablen ein.	$\leftrightarrow \begin{vmatrix} 3 = x \\ y = 2 \cdot 3 - 11 \end{vmatrix}$	/	/
6. Berechne die zweite Variable.	$\leftrightarrow \begin{vmatrix} 3 = x \\ y = -5 \end{vmatrix}$	/	/
7. Mache eine Probe.	$\begin{vmatrix} -6 \cdot 3 + 3 \cdot (-5) = -33 \\ -15 \cdot 3 + 5 \cdot (-5) = -70 \end{vmatrix}$ $\leftrightarrow \begin{vmatrix} -33 = -33 \\ -70 = -70 \end{vmatrix}$ ✓	/	/
8. Gib die Lösungsmenge an.	$L = \{(3 \mid -5)\}$	$L = \{\}$	$L = \{(x \mid y) \mid y = 0{,}4x + 1\}$

AUFSTELLEN EINES LINEAREN GLEICHUNGSSYSTEMS

Schritt-für-Schritt-Anleitung	Beispiel
1. Aufgabe notieren.	Ein Rechteck hat einen Umfang von 3 m. Die längere Seite soll doppelt so lang wie die kürzere Seite sein. Bestimme, wie lang und wie breit das Rechteck ist.
2. Fertige eine Skizze an.	
3. Führe Variablen für die gesuchten Größen ein.	a b
4. Stelle aus den gegebenen Bedingungen zwei Gleichungen mit zwei Variablen auf.	$\begin{vmatrix} 2a + 2b = 3 \\ a = 2b \end{vmatrix}$

© Verlag an der Ruhr | Autorinnen: K. Barth, S. Müller | ISBN 978-3-8346-2400-0 | www.verlagruhr.de

Lösen eines linearen Gleichungssystems –
Expertenkarten (4/4)

ADDITIONSVERFAHREN			
Schritt-für-Schritt-Anleitung	**Beispiel 1** eine Lösung	**Beispiel 2** keine Lösung	**Beispiel 3** unendliche viele Lösungen
1. Aufgabe notieren.	$\begin{vmatrix} 5x + 2y = 16 \\ 4x + 3y = 3 \end{vmatrix}$	$\begin{vmatrix} 6x + 4y = 4 \\ 9x + 6y = 5 \end{vmatrix}$	$\begin{vmatrix} 4x - 2y = 14 \\ -6x + 3y = -21 \end{vmatrix}$
2. Multipliziere eine oder beide Gleichungen mit Zahlen ≠ 0, sodass die Koeffizienten vor derselben Variable in den einzelnen Gleichungen Gegenzahlen voneinander sind.	$\leftrightarrow \begin{vmatrix} 5x + 2y = 16 \\ 4x + 3y = 3 \end{vmatrix} \begin{matrix} \cdot\,3 \\ \cdot(-2) \end{matrix}$ $\leftrightarrow \begin{vmatrix} 15x + 6y = 48 \\ -8x - 6y = -6 \end{vmatrix}$	$\leftrightarrow \begin{vmatrix} 6x + 4y = 4 \\ 9x + 6y = 5 \end{vmatrix} \begin{matrix} \cdot(-3) \\ \cdot\,2 \end{matrix}$ $\leftrightarrow \begin{vmatrix} -18x - 12y = -12 \\ 18x + 12y = 10 \end{vmatrix}$	$\leftrightarrow \begin{vmatrix} 4x - 2y = 14 \\ -6x + 3y = -21 \end{vmatrix} \begin{matrix} \cdot\,3 \\ \cdot\,2 \end{matrix}$ $\leftrightarrow \begin{vmatrix} 12x - 6y = 42 \\ -12x + 6y = -42 \end{vmatrix}$
3. Addiere die beiden Gleichungen (komponentenweise). Behalte eine Gleichung mit zwei Variablen bei.	$\leftrightarrow \begin{vmatrix} 7x + 0 = 42 \\ -8x - 6y = -6 \end{vmatrix}$	$\leftrightarrow \begin{vmatrix} 0 = -2 \\ 18x + 12y = 10 \end{vmatrix}$	$\leftrightarrow \begin{vmatrix} 0 = 0 \\ -12x + 6y = -42 \end{vmatrix}$
4. Löse die Gleichung mit einer Variablen.	$\leftrightarrow \begin{vmatrix} x = 6 \\ -8x - 6y = -6 \end{vmatrix}$	/	
5. Setze diese Variable in die andere Gleichung mit zwei Variablen ein.	$\leftrightarrow \begin{vmatrix} x = 6 \\ -8 \cdot 6 - 6y = -6 \end{vmatrix}$	/	(Löse eine der Gleichungen gg. nach y auf, hier: $y = 2x - 7$.)
6. Berechne die zweite Variable.	$\leftrightarrow \begin{vmatrix} x = 6 \\ y = -7 \end{vmatrix}$	/	
7. Mache eine Probe.	$\begin{vmatrix} 5 \cdot 6 + 2 \cdot (-7) = 16 \\ 4 \cdot 6 + 3 \cdot (-7) = 3 \end{vmatrix}$ $\begin{vmatrix} 16 = 16 \\ 3 = 3 \end{vmatrix}$	/	
8. Gib die Lösungsmenge an.	$L = \{(6 \mid -7)\}$	$L = \{\}$	$L = \{(x\mid y) \mid y = 2x - 7\}$

© Verlag an der Ruhr | Autorinnen: K. Barth, S. Müller | ISBN 978-3-8346-2400-0 | www.verlagruhr.de

Lösen eines linearen Gleichungssystems –
Würfel-Eisscholle

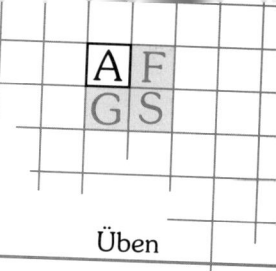

Inhaltsbezogene Kompetenz:	**Sozialform:** GA (4 Gruppen) mit EA
Algebraisches und grafisches Operieren mit linearen Gleichungssystemen mit zwei Variablen	**Zeit:** 30 min
Prozessbezogene Kompetenz:	**Material:** Aufgabenkarten (BKV, S. 166),
AK11, P09, P12, P14	4 Säckchen, 4 Würfel

VORBEREITUNG

Die Lehrperson beschriftet die BKV mit linearen Gleichungssystemen (LGS) mit allen Lösungsmöglichkeiten (keine, eine oder unendlich viele) und erstellt so 4 x 28 Aufgabenkarten. Folgende Zuordnung „Würfelbild → Lösungsverfahren" wird an die Tafel geschrieben:

⚀ → Einsetzungsverfahren

⚁ → Gleichsetzungsverfahren

⚂ → Additionsverfahren

⚃ → zeichnen

⚄ → geeignetes Verfahren suchen

⚅ → auf ein geeignetes Verfahren einigen (Kartentausch erlaubt)

Den vier Gruppen werden je zwei zusammengestellte Tische und sechs Stühle als Eisscholle zugeordnet. Jede Gruppe bekommt ein Säckchen mit je einem Satz Aufgabenkarten sowie einen Würfel.

VERLAUF

- Jede Gruppe bezieht ihre Eisscholle: Die Schüler setzen/stellen sich auf die Tische und Stühle. Der Boden wird ab jetzt nicht berührt (falls doch, hat die Gruppe die jeweilige Runde verloren).
- Jeder Schüler zieht eine Aufgabenkarte, zusätzlich erwürfelt ein Schüler der Gruppe das Lösungsverfahren.
- Hat jedes Gruppenmitglied seine Aufgabe alleine gelöst, ruft die Gruppe „Eisscholle!". Die Lehrperson kontrolliert die Lösungswege und -menge (alle anderen Gruppen rechnen so lange weiter). Ist alles richtig, ist die Gruppe mit der Runde fertig. Bei einer (oder mehr) falschen Lösung(en) wird diese Gruppe letzte und alleinige, verlierende Gruppe.
- Hat eine Gruppe eine Runde verloren (sei es, weil sie als letzte fertig geworden ist, weil ihre Lösungen fehlerhaft waren oder weil jemand den Boden berührt hat), verliert sie in der ersten Runde alle Stühle, in der zweiten einen Tisch und in der dritten den zweiten Tisch. Die Eisscholle ist dann völlig weggeschmolzen und die Gruppe hat endgültig verloren.

DIFFERENZIERUNG

- Nur die langsamste Gruppe verliert ein Stück ihrer Eisscholle.
- Es können auch Aufgaben mit drei Variablen eingesetzt werden.

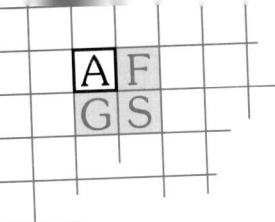

Binomische Formeln –
Wanted – ich hab's raus!

Inhaltsbezogene Kompetenz:
Zusammenfassen und Ausmultiplizieren von
Termen und Nutzen von binomischen Formeln
als Rechenstrategie

Prozessbezogene Kompetenz:
AK08, AK11, P07, P12

Sozialform: PA, GA (6 Gruppen)

Zeit: 90 min

Material:
arithmetische und anschauliche Anleitungen
zum Ausmultiplizieren und zu den binomischen
Formeln (KV)

VORBEREITUNG

Es werden sechs 4er-Tische aufgebaut. An jedem Tisch wird sowohl
die arithmetische als auch die anschauliche Anleitung zum Ausmultiplizieren ausgelegt (die Vorlagen müssen also 6-mal kopiert werden;
die dazugehörige Skizze wird in vier Einzelteile zerschnitten).
Während der zweiten Durchführungsphase (Anwendung) tauscht die
Lehrperson das Material an den 4er-Tischen aus, sodass für jede der
drei binomischen Formeln ein arithmetischer und ein anschaulicher
Tisch mit je einer Anleitung und zerschnittener Veranschaulichung
existiert (diese Vorlagen müssen also 3-mal kopiert werden).
Das Tafelbild wird wie im Foto vorbereitet: Zuoberst steht „WANTED"
und dann kommen die linken Seiten der drei binomischen Formeln.
Darunter werden jeweils vier Zettel mit verschiedenen Lösungsmöglich-
keiten befestigt. Auf der Rückseite der Zettel mit der jeweils richtigen
Umformung stehen die Lösungswörter („ICH", „HAB'S", „RAUS!"),
sodass die Schüler sich später selbst kontrollieren können.
Die Schüler bilden sechs Gruppen, die sich an die Tische verteilen.

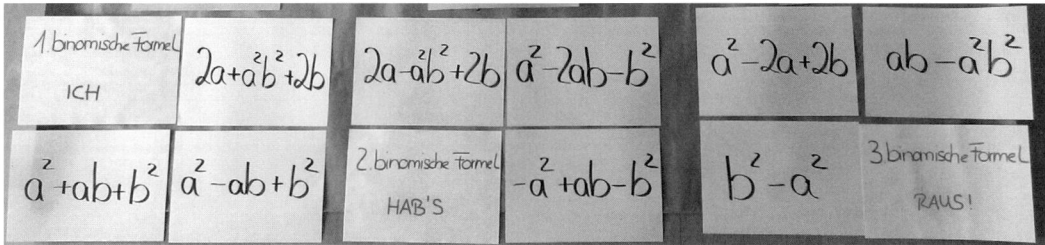

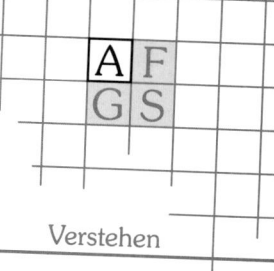
VERLAUF

Phase 1: Ausmultiplizieren

- Die eine Hälfte einer 4er-Gruppe erarbeitet sich anhand der ausliegenden Anleitungen das Ausmultiplizieren auf arithmetische, die andere Hälfte auf anschauliche Weise. Anschließend wechseln sie die Aufgaben, danach tauschen sie sich aus.

Phase 2: Ausmultiplizieren anwenden

- Alle Schüler sitzen mit Stift und Papier im Sitzkreis. Jeder denkt sich eine Aufgabe zum Ausmultiplizieren aus [z. B. $(4x + 3) \cdot (2x + 5)$] und notiert diese. Der linke Nachbar löst die Aufgabe. Dies wird wiederholt, bis Phase 3 beginnen kann.

Phase 3: WANTED – gesucht werden die zeitsparenden Lösungen der Terme an der Tafel, also die binomischen Formeln

- Die Lehrperson macht das Tafelbild sichtbar und präsentiert kurz das WANTED-Problem – die Aufgabe der Schüler ist es nun, die jeweils richtige der vier angegebenen Lösungen herauszuarbeiten.
- Die Schüler finden mit ihren Partnern aus Phase 1 heraus, welcher der vier Lösungsvorschläge richtig ist, indem sie nacheinander an den sechs Tischen arbeiten (jedes Paar muss am Ende also beide Anleitungen jeder binomischen Formel gelöst haben).
- Sobald sie beide Anleitungen einer binomischen Formel bearbeitet haben, geben sie der Lehrperson Bescheid, dass sie die Aufgabe lösen möchten.
- Sie drehen an der Tafel die vermutete Lösung um und lesen im richtigen Fall „1. (2./3.) binomische Formel" und „ICH" („HAB'S"/ „RAUS!").
- Ist die vermutete Lösung falsch, müssen die Schüler noch einmal zu den dazugehörigen Tischen zurückkehren.

DIFFERENZIERUNG

- Phase 3 kann auch wie Phase 1 gestaltet werden (4er-Gruppen, von denen sich je zwei Schüler mit einer Anleitung auseinandersetzen und dann tauschen).
- In leistungsstarken Klassen kann das Ausmultiplizieren in Phase 3 integriert werden (es gibt dann insgesamt nur eine Phase).

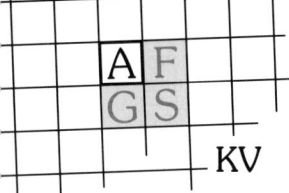

Binomische Formeln –
KV *Anleitungen* (1/2)

Anleitungen für Phase 1 (6-mal kopieren)

Anleitung zum Ausmultiplizieren (arithmetisch)

1. Gegeben ist der Term $(a + b) \cdot (c + d)$.

2. Wende 2-mal das Distributivgesetz an:
   a) Betrachte $(a + b)$ als einen Teil.
   b) Multipliziere diesen Teil mit der zweiten Klammer.
   c) Multipliziere beide Klammern aus.

3. Notiere die Formel und einen allgemeinen Rechenschritt in eigenen Worten:

   _____ jeden Teil der _____ Klammer mit jedem Teil der _____.

4. Setzte deine Formel mit dem oben gegebenen Term gleich.
   Ersetze auf beiden Seiten a mit 2, b mit 7, c mit 3 und d mit 4 und
   kontrolliere dich durch das Berechnen beider Seiten einzeln selbst.

Anleitung zum Ausmultiplizieren (anschaulich)

1. Lege aus den vier Vierecken ein Quadrat.

2. Bestimme die Größe des entstandenen Quadrates auf
   zwei Weisen.

3. Setze die zwei (zusammengefassten) Terme gleich.

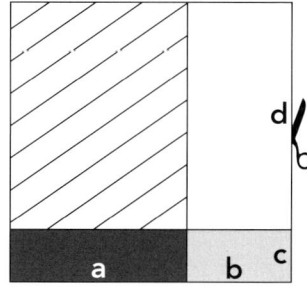

Anleitungen für Phase 3 (3-mal kopieren)

Anleitung zur 1. binomischen Formel (arithmetisch)

1. Notiere den linken Term vom WANTED-Bild.

2. Schreibe als Produkt zweier Klammern.

3. Multipliziere diese aus.

4. Fasse sie zusammen.

5. Stelle eine kurze Formel mit den Variablen a und b auf.

6. Setze deine Formel mit dem oben gegebenen Term gleich. Ersetze auf beiden Seiten a
   mit 2 und b mit 7 und kontrolliere dich durch das Berechnen beider Seiten einzeln selbst.

Anleitung zur 2. binomischen Formel (arithmetisch)

1. Notiere den mittleren Term vom WANTED-Bild.

2. Schreibe als Produkt zweier Klammern.

3. Multipliziere diese aus.

4. Fasse sie zusammen.

5. Stelle eine kurze Formel mit den Variablen a und b auf.

6. Setze deine Formel mit dem oben gegebenen Term gleich. Ersetze auf beiden Seiten a
   mit 2 und b mit 7 und kontrolliere dich durch das Berechnen beider Seiten einzeln selbst.

© Verlag an der Ruhr | Autorinnen: K. Barth, S. Müller | ISBN 978-3-8346-2400-0 | www.verlagruhr.de

Mathe *aktiv* und *anschaulich* vermitteln

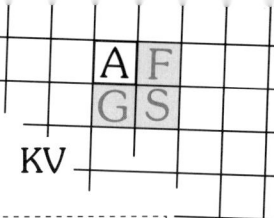

Anleitung zur 3. binomischen Formel (arithmetisch)

1. Notiere den rechten Term vom WANTED-Bild.

2. Multipliziere die beiden Klammern aus.

3. Fasse diese zusammen.

4. Stelle eine kurze Formel mit den Variablen a und b auf.

5. Setze deine Formel mit dem oben gegebenen Term gleich. Ersetze auf beiden Seiten a mit 2 und b mit 7 und kontrolliere dich durch das Berechnen beider Seiten einzeln selbst.

Anleitung 1. binomische Formel (anschaulich)

1. Lege aus den vier Vierecken ein Quadrat.

2. Bestimme die Größe des entstandenen Quadrates auf zwei Weisen.

3. Setze die zwei (zusammengefassten) Terme gleich.

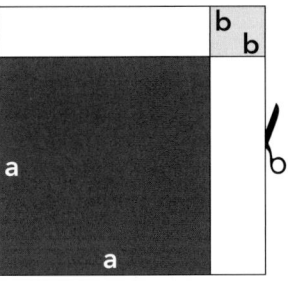

Anleitung 2. binomische Formel (anschaulich)

1. Lege mit den vier Vierecken das schraffierte Quadrat aus.

2. Bestimme die Größe des schraffierten Quadrates auf zwei Weisen – zum einen unter Einbeziehung aller anderen Flächen und zum anderen ohne die anderen Flächen.

3. Setze die zwei (zusammengefassten) Terme gleich.

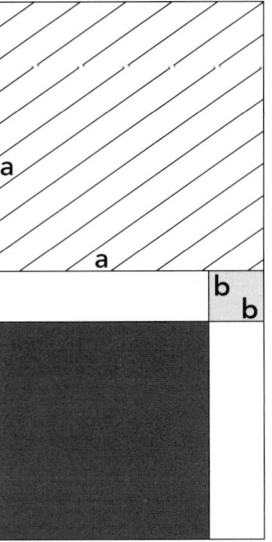

Anleitung 3. binomische Formel (anschaulich)

1. Lege entweder aus den drei schraffierten oder aus den drei anderen Flächen ein Quadrat.

2. Bestimme die Größe der schraffierten Fläche ohne das kleine Quadrat auf zwei Weisen.
   Tipp: Entferne für die zweite Möglichkeit das kleinste Quadrat und lege ein Rechteck (oder ein Trapez).

3. Setze die zwei (zusammengefassten) Terme gleich.

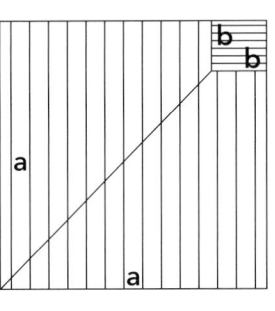

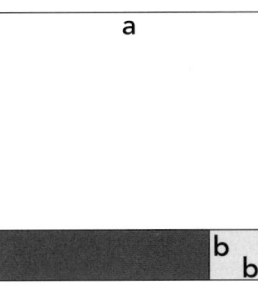

© Verlag an der Ruhr | Autorinnen: K. Barth, S. Müller | ISBN 978-3-8346-2400-0 | www.verlagruhr.de

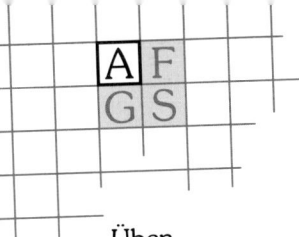

Binomische Formeln –
Gib alles fürs Käsekästchen!

Inhaltsbezogene Kompetenz:
Ausmultiplizieren von Termen und Nutzen
von binomischen Formeln als Rechenstrategie

Prozessbezogene Kompetenz:
AK11, P09, P14

Sozialform: PA in GA (2 Gruppen)

Zeit: 45 min

Material:
Aufgaben- und Lösungskarten (BKV, S. 166), Übungskarten (KV), 1 Säckchen, 2 0,5l-Wasserflaschen,
10 Tischtennisbälle, 3 Tennisbälle, 1 Tischtennis-
schläger, 1 Springseil, 1 Luftballon pro S, je 15
Wäscheklammern in 2 Farben, Stoppuhr

VORBEREITUNG

Eine karierte Tafelseite wird zum Spielfeld. Die Lehrkraft erstellt mithilfe
der BKV ca. 50 Aufgabenkarten, auf deren Rückseite jeweils die Lösung
zu finden ist (siehe Beispiele auf der KV). Die 28 Übungskarten kommen
in ein Säckchen, das zusammen mit dem benötigten Material bereitgelegt wird. Zwei Gruppen werden durch die Wäscheklammern
gekennzeichnet. Innerhalb jeder Gruppe bilden sich 2er-Teams.
Eventuell unklare Übungen werden demonstriert.

VERLAUF

- Schüler A/B (Gruppe 1) und Schüler C/D (Gruppe 2) sind Gegner.
  Es wird eine Aufgabenkarte (mit Lösungskarte) und eine Übungs-
  karte gezogen.
- Schüler A benennt die binomische Formel und löst die Aufgabe im
  Kopf (z. B. sagt A bei $[x + 5]^2$: „1. binomische Formel" und „$x^2 + 10x
  + 25$"), Schüler C kontrolliert. Schüler B macht die Übung, während
  Schüler A und C rechnen. Schüler D kontrolliert Schüler B und stoppt
  eine Minute für Schüler A und B.
- Die Übungs- (vgl. Übungskarten) und Aufgabenpunkte werden addiert. Für drei in der Zeit richtig gerechnete Aufgaben gibt es einen
  Punkt, für fünf zwei Punkte und für sieben und acht drei Punkte
  (z. B.: A: 6 richtige Aufgaben = 2 Punkte, B: 60 sec Wandsitz =
  3 Punkte → 5 Gesamtpunkte).
- Pro drei Gesamtpunkte (mind. 1P. pro Schüler A und B) wird ein Strich
  entlang einer Tafelkästchenlinie gezogen. Wird bei einem Kästchen
  der vierte Strich gesetzt, wird es mit einem Kreuz (Gruppenfarbe)
  markiert und das Paar ist noch einmal am Zug (weiteres Kreuz möglich). Dann erfolgt ggf. der zweite erspielte Strich.

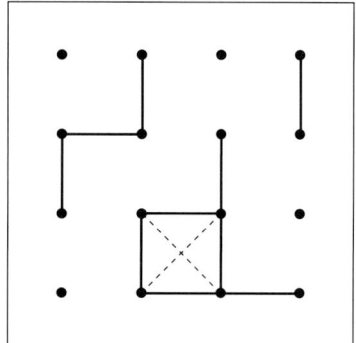

- Die Teams wechseln nun die Rollen (C: Aufgaben, A: Kontrolle,
  D: Übung, B: Kontrolle), wobei die Aufgaben- und Übungskarten
  gleich bleiben. Danach sucht sich jedes Paar einen neuen Gegner
  und die Rollen werden getauscht.
- Die Gruppe mit den meisten Kreuzen gewinnt.

DIFFERENZIERUNG

Leichter wird es, wenn die Aufgabenkarten ausschließlich eine der
binomischen Formeln (oder nur das Ausmultiplizieren) beinhalten.

Binomische Formeln –
Beispiele und Übungskarten

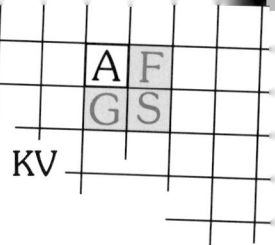

KV

Beispiel-Aufgabenkarten (mit Lösungen)

$(x + 5)^2$	$x^2 + 10x + 25$	$(r^2 - s^2)(r^2 + s^2)$	$r^4 - s^4$
$y^2 - 14y + 49$	$(y - 7)^2$	$36x^2 + 12x + 1$	$(6x + 1)^2$
$(4a - 9)(9a - 4)$	$36a^2 - 16a - 81a + 36$	$(1,5 - a)^2$	$2,25 - 3a + a^2$
$(2v + 3)^2$	$4v^2 + 12v + 9$	$4a^2 - 9b^2$	$(2a + 3b)(2a - 3b)$

Übungskarten

Liegestütz auf Ellbogen halten *je 20 sec = 1 P.*	Vierfüßlerstand auf diagonalem Arm und Bein halten *je 20 sec = 1 P.*	seitliche Liegestütz auf einem Ellbogen halten *je 20 sec = 1 P.*	Kerze halten *je 20 sec = 1 P.*
Wandsitz halten *je 20 sec = 1 P.*	2 0,5l-Flaschen mit ausgestreckten Armen halten *je 20 sec = 1 P.*	in Liegestützposition Ball von einer in die andere Hand werfen *je 5-mal = 1 P.*	Liegestütz *je 10-mal = 1 P.*
Sit-UPs *je 20-mal = 1 P.*	Hock-Streck-Sprünge *je 10-mal = 1 P.*	Kniebeuge *je 12-mal = 1 P.*	Klimmzüge am Tisch *je 4-mal = 1 P.*
schnelle Sprünge über die Türschwelle *je 50-mal = 1 P.*	schwache Hand wirft TT-Ball an die Wand und fängt ihn *je 15-mal = 1 P.*	auf Kopf schlagen und gleichzeitig auf Bauch kreisen *je 50 Kreise = 1 P.*	TT-Ball mit Schläger hochhalten *je 50-mal = 1 P.*
TT-Ball hochwerfen, köpfen und wieder fangen *je 10-mal = 1 P.*	Zehenstand halten *je 20 sec = 1 P.*	Rhythmus klopfen: links 1–2–3–4, rechts nur 1–3 *je 30-mal: 1 P.*	2 TT-Bälle gleichzeitig von der re. in die li. Hand und umgekehrt werfen *je 20-mal = 1 P.*
Tennisball in Rückenlage um Beine kreisen *je 20 sec = 1 P.*	TT-Ball um die Hüfte kreisen lassen *je 25-mal = 1 P.*	TT-Ball durch die Beine an die Wand werfen und fangen *je 5-mal: 1 P.*	2 Tennisbälle gleichzeitig dribbeln *je 20-mal = 1 P.*
Seilspringen (Laufschritt, ohne Zwischensprung) *je 50-mal = 1 P.*	Tennisball in einer Acht durch Beine (schulterbreit) *je 20-mal = 1 P.*	Luftballon gut aufpusten und wieder ablassen *je 8-mal: 1P.*	Eierlaufen mit TT-Ball um Tisch *je 5 Runden: 1 P.*

© Verlag an der Ruhr | Autorinnen: K. Barth, S. Müller | ISBN 978-3-8346-2400-0 | www.verlagruhr.de

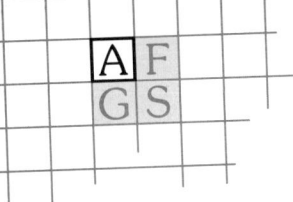

Quadratwurzel –
Positiv gegen Negativ

Verstehen

Inhaltsbezogene Kompetenz:
Anwenden des Radizierens als Umkehren des Potenzierens und Berechnen und Überschlagen von Quadratwurzeln einfacher Zahlen im Kopf, Unterscheiden von rationalen und irrationalen Zahlen

Prozessbezogene Kompetenz:
AK15, P07, P10, W05

Sozialform: PA

Zeit: 45 min

Material:
Laufzettel (KV), selbst erstellte Quadrate und Seitenlängenkarten (BKV, S. 166), 1 Taschenrechner pro S

VORBEREITUNG

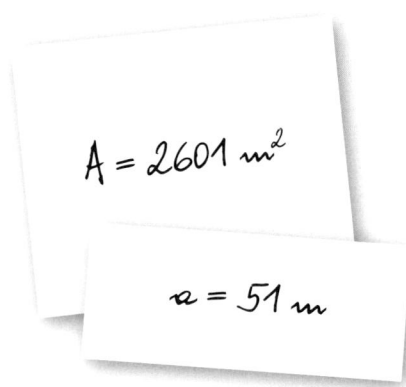

Zunächst erstellt die Lehrperson 14 beliebig große Quadrate mit unterschiedlichen Maßen (Maße nicht in Originalgröße), in denen je der Wert für einen Flächeninhalt steht (siehe Beispiel links). Dazu passend wird die dazugehörige Seitenlänge (in der passenden Einheit) jeweils einmal in die BKV geschrieben, sodass am Ende 14 Seitenlängenkarten entstehen (siehe Beispiel). Dabei sollten auch negative Seitenlängen (ohne Maßeinheit, entsprechend dem Quadrat ohne Maßeinheit) als Wert notiert sein.
Die Quadrate und die Seitenlängenkarten werden im Raum verteilt (z. B. unter Tischen, hinter Stühlen, auf dem Boden, am Fenster, an Wänden) und jeder Schüler erhält einen Laufzettel.

VERLAUF

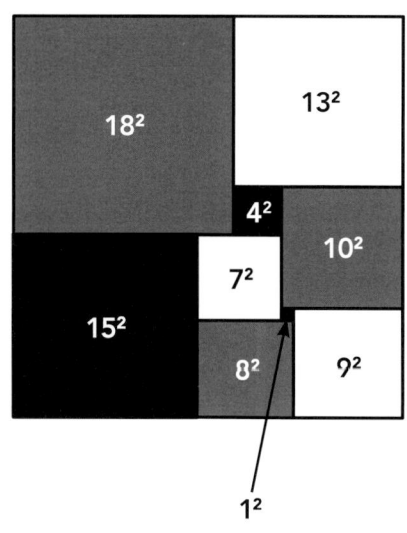

- Die Schüler finden sich in Paaren zusammen und lösen zu zweit die Aufgaben des Laufzettels.
  - ✦ Zunächst ermitteln sie die Seitenlängen der vorgegebenen Quadrate in der Abbildung (Aufgabe 1).
    Hier werden die Schüler an das Thema des Flächeninhalts herangeführt.
  - ✦ Anschließend finden sie über die Quadrate und Seitenlängenkarten zusammengehörige Pärchen und notieren diese.
  - ✦ Sie formulieren einen Lösungsweg, wie man von dem Flächeninhalt A auf die Seitenlänge a schließt.
  - ✦ Die Schüler lernen die Wurzel-Funktion des Taschenrechners kennen.
  - ✦ Sie überlegen, dass sie keine Quadratwurzel aus negativen Zahlen ziehen können, es aber zwei mathematische Lösungen der Quadratwurzel gibt.
- Der Begriff der Quadratwurzel wird gemeinsam besprochen.

DIFFERENZIERUNG

Schnelle Schüler können selbstständig weitere Knobel-Abbildungen wie in Aufgabe 1 entwerfen.

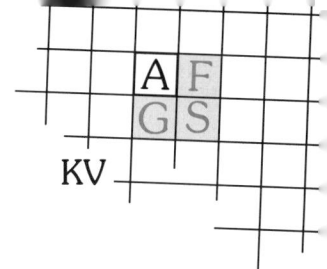

Quadratwurzel –
Laufzettel KV

1. Ermittelt die Seitenlängen der einzelnen Quadrate in der folgenden Abbildung.

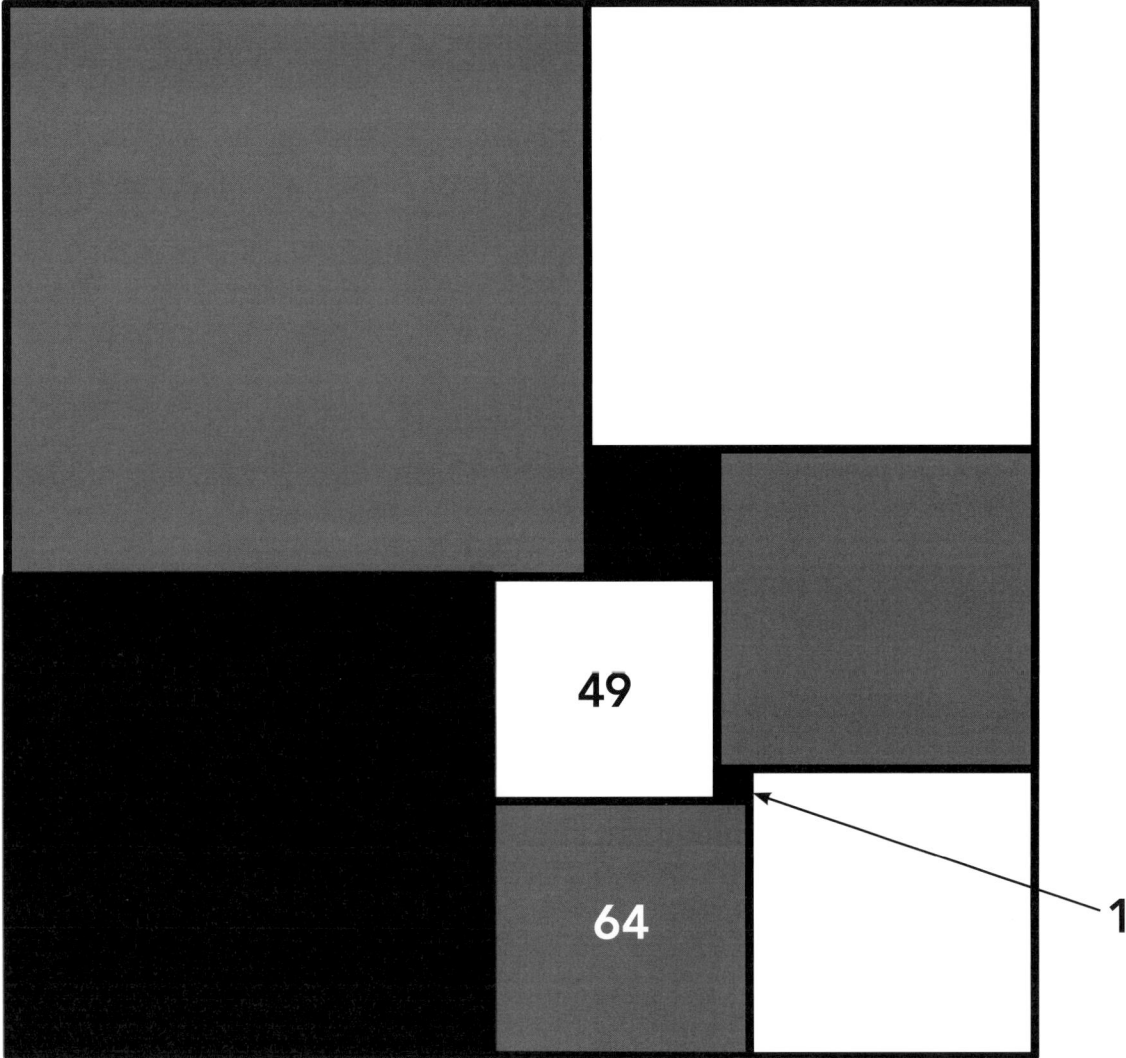

2. Findet alle zusammengehörigen Angaben (Flächeninhalt und Seitenlänge) von den im Raum verteilten Quadraten und Seitenlängenkarten. Notiert alle 14 Paare als Rechnung untereinander oder als Tabelle mit der Zuordnung „Flächeninhalt A ➙ Seitenlänge a".

3. Notiert eine Formulierung, wie ihr vorgegangen seid, um die passenden Seitenlängen herauszufinden.

4. Ermittelt einen rechnerischen Lösungsweg, indem ihr eure Taschenrechner zu Hilfe nehmt. Ihr dürft nur Zifferntasten und eine weitere Taste drücken (und das Gleichheitszeichen/Enter).

5. Überlegt, ob dieser rechnerische Lösungsweg für jede euch bekannte Zahl funktioniert.

© Verlag an der Ruhr | Autorinnen: K. Barth, S. Müller | ISBN 978-3-8346-2400-0 | www.verlagruhr.de

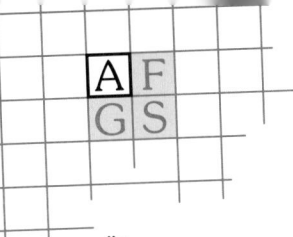

Quadratwurzel –
Wurzel-Ligen

Üben

Inhaltsbezogene Kompetenz:
Anwenden des Radizierens als Umkehren des
Potenzierens und Berechnen und Überschlagen von
Quadratwurzeln einfacher Zahlen im Kopf, Unter-
scheiden von rationalen und irrationalen Zahlen

Prozessbezogene Kompetenz:
AK13, P13, W05

Sozialform: GA (2 Gruppen)

Zeit: 25 min

Material: 1 Taschenrechner pro S

VORBEREITUNG

Die Klasse wird in zwei Felder („Bundes-Wurzel-Liga" und „Kreis-
Wurzel-Liga") unterteilt. Die zwei Gruppen gehen in ihre Felder.

VERLAUF

- Zwei Sucher pro Liga (Gruppe) verlassen den Raum.
- Währenddessen bilden sich innerhalb der beiden Ligen beliebige
  Paare. Die beiden Schüler eines Paares ordnen sich eine beliebige
  Wurzelzahl und den zugehörigen Wurzelwert zu (z. B. ➜ $\sqrt{9}$ und 3
  oder ➜ $\sqrt{111}$ und ~10,5). Ein Taschenrechner darf zu Hilfe genommen werden. Anschließend verteilen sich alle Schüler einer Liga
  beliebig in ihrem Feld, keiner sitzt auf seinem Platz.
- Die Sucher betreten ihr jeweiliges Feld. Der erste Sucher fragt
  innerhalb seines Feldes nacheinander zwei beliebige Schüler nach
  ihren Zahlen und überprüft deren Zusammengehörigkeit. Hat er
  ein Pärchen gefunden, erhält er einen Punkt und ist erneut an der
  Reihe. Passen die Zahlen nicht zusammen, ist der zweite Sucher an
  der Reihe.
- Die gefundenen Pärchen setzen sich auf ihre Plätze.
- Sind alle Paare gefunden, steigen die zwei zuerst gefundenen
  Pärchen der Bundes-Wurzel-Liga in die Kreis-Wurzel-Liga ab, aus
  dem zuletzt gefundenen Pärchen bilden sich die neuen Sucher der
  Bundes-Wurzel-Liga. In der Kreis-Wurzel-Liga steigen die beiden zu-
  letzt gefundenen Pärchen in die Bundes-Wurzel-Liga auf, aus dem
  zuerst gefundenen Pärchen bilden sich die neuen Sucher der Kreis-
  Wurzel-Liga.
- Eine neue Runde beginnt.

DIFFERENZIERUNG

- Einfacher wird es, wenn nur ganzzahlige Wurzelwerte und Zahlen
  bis 100 erlaubt sind.
- Es kann auch mit zwei gleichwertigen Ligen mit jeweils nur einem
  Sucher gespielt werden (jeder Schüler ist einmal Sucher).
- Schwieriger wird es, wenn andere Kombinationen, wie z. B. $\sqrt{-27}$,
  und „geht nicht" benutzt werden (hier sollte die Lehrperson unterstützend zur Seite stehen).

Lösen quadratischer Gleichungen –
Vietas ergänzendes pq-abc

Inhaltsbezogene Kompetenz:
Lösen einfacher quadratischer Gleichungen (unmittelbares Anwenden eines Lösungsverfahrens), Darstellen von quadratischen Funktionen in Graphen und Termen und Wechseln zwischen diesen Darstellungen sowie Benennen von Vor- und Nachteilen

Prozessbezogene Kompetenz:
AK16, AK17, P15, P17

Sozialform: EA

Zeit: 180 min

Material:
Aufgabenkarten (BKV, S. 166), Hilfekarten-Sets zu den Lösungsstrategien (KV), farbiges Papier (4 verschiedene Farben)

VORBEREITUNG

$$x^2 - 5x + 4 = 0$$

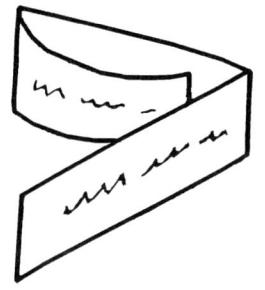

Die Lehrperson erstellt mithilfe der BKV 28 Aufgabenkarten, auf denen je eine quadratische Gleichung steht (siehe Beispiel links; die Gleichungen können entsprechend der vier Lösungsstrategien (quadratische Ergänzung, Vieta, pq-Formel, abc-Formel) verschiedene Formen haben). Diese werden verdeckt auf dem Lehrertisch ausgebreitet.
Zu jeder Lösungsstrategie wird irgendwo im Raum eine Station eingerichtet, die deutlich mit der jeweiligen Strategie gekennzeichnet ist. Dazu wird jeweils die dunkelgraue Zeile der Tabelle auf der KV auf farbiges Papier geklebt (jede Lösungsstrategie ist einer anderen Farbe zugeordnet). An jeder Station liegt ein farbig passendes Hilfekarten-Set aus, das wie folgt hergestellt wird: Der untere Teil der Tabellen wird jeweils zeilenweise auseinandergeschnitten. Jede Zeile wird dann spaltenweise geknickt, sodass vorne der Punkt steht, an dem der Schüler Hilfe benötigt (linke Spalte, z. B. „Ich hab's bis hierhin geschafft: $x^2 + mx + n = 0$"), hinten steht der dazugehörige Tipp (mittlere Spalte) und nach innen geklappt ist die Lösung dieses Tipps zu finden (rechte Spalte). Jede der geknickten Hilfekarten wird an der dazugehörigen Station so ausgelegt, dass die linke Spalte oben liegt. Der Umgang mit den Hilfekarten wird den Schülern erläutert.

VERLAUF

- Jeder Schüler zieht eine Aufgabenkarte, notiert sich die quadratische Gleichung und legt die Aufgabenkarte wieder verdeckt zurück.
- Zurück an seinem Arbeitsplatz versucht er zunächst, die Gleichung allein zu lösen. Kommt ein Schüler nicht weiter, kann er sich an den Stationen Hilfe holen. Dazu sucht er sich die Karte, auf der der Punkt beschrieben ist, bis zu dem er es bisher geschafft hat. Dreht er die Karte um, bekommt er einen Tipp und versucht, diesen umzusetzen. Wenn auch dies nicht gelingt, klappt er die Karte ganz auf, um die Lösung dieses Lösungsschrittes einzusehen.
- Die Schüler bearbeiten auf diese Weise weitere Aufgabenkarten, bis alle Lösungsstrategien verwendet wurden, und vergleichen und besprechen die Strategien schließlich in Partner oder Gruppenarbeit oder auch gemeinsam.

> **Hinweis:** Als Übungseinheit hierzu eignet sich die Einheit „Berechnen von Nullstellen üben" (S. 91).

DIFFERENZIERUNG

Leichter wird es, wenn die Zahl der Lösungsstrategien verringert wird.

Lösen quadratischer Gleichungen –
Hilfskarten-Sets (1/2)

**Lösen quadratischer Gleichungen
mithilfe der <u>quadratischen Ergänzung</u>**

$$x^2 + mx + n = 0 \Leftrightarrow x_{1/2} = \pm \sqrt{z - n} - \sqrt{z}$$

Ich finde keinen Ansatz.	Isoliere das x^2.	$x^2 + mx + n = 0$
Ich hab's bis hierhin geschafft: $x^2 + mx + n = 0$	Ergänze auf beiden Seiten z, sodass links $x^2 + mx + z$ die 1. oder 2. binomische Formel steht.	$x^2 + mx + z + n = z$
Ich hab's bis hierhin geschafft: $x^2 + mx + z + n = z$	Bringe das n auf die andere Seite.	$x^2 + mx + z = z - n$
Ich hab's bis hierhin geschafft: $x^2 + mx + z = z - n$	Wandle die linke Seite in die entsprechende binomische Formel um.	$(x + \sqrt{z})^2 = z - n$
Ich hab's bis hierhin geschafft: $(x + \sqrt{z})^2 = z - n$	Ziehe auf beiden Seiten die Wurzel.	$x + \sqrt{z} = \pm \sqrt{z - n}$
Ich hab's bis hierhin geschafft: $x + \sqrt{z} = \pm \sqrt{z - n}$	Bringe $\sqrt{z}$ auf die andere Seite.	$x_{1/2} = \pm \sqrt{z - n} - \sqrt{z}$

**Lösen quadratischer Gleichungen
mithilfe des <u>Satzes von Vieta</u>**

$$x^2 + px + q = 0 \Leftrightarrow \begin{cases} p = -(x_1 + x_2) \\ q = x_1 \cdot x_2 \end{cases}$$

Ich finde keinen Ansatz.	Isoliere das x^2.	$x^2 + mx + n = 0$
Ich hab's bis hierhin geschafft: $x^2 + mx + n = 0$	Suche ganzzahlige x_1 und x_2 mit $m = -(x_1 + x_2)$ und $n = x_1 \cdot x_2$	$x_1 = e$ $x_2 = f$

© Verlag an der Ruhr | Autorinnen: K. Barth, S. Müller | ISBN 978-3-8346-2400-0 | www.verlagruhr.de

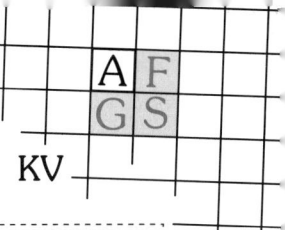

Lösen quadratischer Gleichungen
mithilfe der **pq-Formel**

$$x^2 + px + q = 0 \Leftrightarrow x_{1/2} = -\frac{p}{2} \pm \sqrt{\left(\frac{p}{2}\right)^2 - q}$$

Ich finde keinen Ansatz.	Isoliere das x^2.	$x^2 + sx + t = 0$
Ich hab's bis hierhin geschafft: $x^2 + sx + t = 0$	Überlege dir, was p und q sind.	$p = s, q = t$
Ich hab's bis hierhin geschafft: $p = s, q = t$	Setze s und t für p und q in die Formel ein.	$x_{1/2} = -\frac{s}{2} \pm \sqrt{\left(\frac{s}{2}\right)^2 - t}$
Ich hab's bis hierhin geschafft: $x_{1/2} = -\frac{s}{2} \pm \sqrt{\left(\frac{s}{2}\right)^2 - t}$	Berechne die Wurzel.	$x_{1/2} = -\frac{s}{2} \pm w$
Ich hab's bis hierhin geschafft: $x_{1/2} = -\frac{s}{2} \pm w$	Berechne x_1 und x_2.	$x_1 = e$ $x_2 = f$

Lösen quadratischer Gleichungen
mithilfe der **abc-Formel**

$$x_{1/2} = \frac{-b \pm \sqrt{b^2 - 4ac}}{2a}$$

Ich finde keinen Ansatz.	Überlege dir, was a, b und c sind.	$a = s, b = t, c = u$
Ich hab's bis hierhin geschafft: $a = s, b = t, c = u$	Setze s, t und u entsprechend für a, b und c ein.	$x_{1/2} = \frac{-t \pm \sqrt{t^2 - 4su}}{2s}$
Ich hab's bis hierhin geschafft: $x_{1/2} = \frac{-t \pm \sqrt{t^2 - 4su}}{2s}$	Berechne die Wurzel.	$x_{1/2} = \frac{-t \pm w}{2s}$
Ich hab's bis hierhin geschafft: $x_{1/2} = \frac{-t \pm w}{2s}$	Berechne x_1 und x_2.	$x_1 = e$ $x_2 = f$

© Verlag an der Ruhr | Autorinnen: K. Barth, S. Müller | ISBN 978-3-8346-2400-0 | www.verlagruhr.de

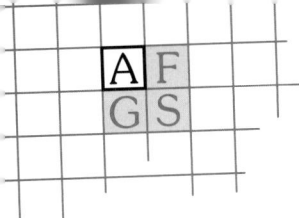

Potenzgesetze –
Potenzsuche

Inhaltsbezogene Kompetenz:
Erläutern von Potenzschreibweisen mit ganzzahligen Exponenten

Prozessbezogene Kompetenz:
AK17, AK18, W06

Sozialform: EA

Zeit: 30 min

Material:
farbiges Papier (5 verschiedene Farben), Formelplakate, Aufgabenkarten (BKV, S. 166), 1 Säckchen, 1 Taschenrechner pro S

VORBEREITUNG

$$\frac{a^m}{a^n} = a^{m-n}$$

$$(a^m)^n = a^{mn}$$

Die fünf Potenzgesetze werden einzeln auf farbige Plakate geschrieben (siehe Vorlagen links; jedes Gesetz hat eine andere Farbe) und an den Wänden verteilt. Die Lehrperson erstellt mithilfe der BKV 30 Aufgabenkarten, wobei zur Anwendung jedes der fünf Potenzgesetze je sechs Aufgaben mit kleinen natürlichen Zahlen vorhanden sein sollen (siehe Beispiele unten). Die Aufgabenkarten haben dieselbe Farbe wie das dazugehörige Potenzgesetz. Alle Aufgabenkarten werden zusammen in einem Säckchen bereitgestellt.

VERLAUF

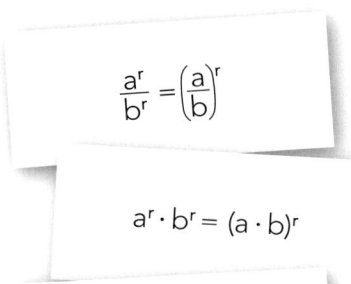

$$\frac{a^r}{b^r} = \left(\frac{a}{b}\right)^r$$

$$a^r \cdot b^r = (a \cdot b)^r$$

$$a^m \cdot a^n = a^{m+n}$$

- Jeder Schüler zieht eine Aufgabenkarte.
- Die Aufgabe wird mit dem Taschenrechner ausgerechnet.
- Der Schüler schreibt die Aufgabe in ausführlicher Schreibweise auf, z. B. $(2^3)^4 = (2 \cdot 2 \cdot 2)^4 = (2 \cdot 2 \cdot 2) \cdot (2 \cdot 2 \cdot 2) \cdot (2 \cdot 2 \cdot 2) \cdot (2 \cdot 2 \cdot 2) = 2^{12}$.
- Die Schüler suchen zu ihrer Beispielaufgabe die richtige Formel auf den Plakaten, z. B. $(a^m)^n = a^{mn}$, und vollziehen die Formel nach.
- Die Kurzform (im Beispiel 2^{12}) wird mithilfe des Taschenrechners überprüft.
- Die Schüler ziehen eine zweite Aufgabe aus dem Säckchen, wobei diese dem Typ (also der Farbe) der ersten Aufgabe entsprechen muss (mehrmaliges Ziehen zur Wiederholung möglich). Diese wird mithilfe der Formel gelöst, die ausführliche Schreibweise ist nicht mehr nötig.
- Auf gleiche Weise werden die anderen Formeln bearbeitet.

DIFFERENZIERUNG

- Die Zahlen in den Aufgaben können durch die Variablen x und y ersetzt werden.
- Es können Aufgaben mit negativen Exponenten eingefügt werden.
- Die Berechnung der n-ten Wurzel kann hinzugenommen werden.

$$\frac{7^5}{7^4}$$

$$3^4 \cdot 3^3$$

$$\frac{24^5}{12^5}$$

$$3^3 \cdot 2^3$$

$$(2^2)^5$$

Potenzgesetze – *Hubraum-Quartett*

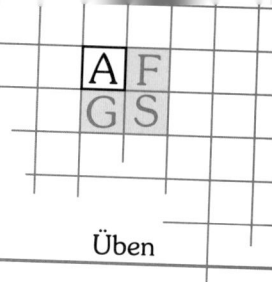

Inhaltsbezogene Kompetenz:
Erläutern der Potenzschreibweise mit ganzzahligen Exponenten

Prozessbezogene Kompetenz:
AK18, P13

Sozialform: GA (4er-Gruppen)

Zeit: 15 min

Material: Quartett-Karten (KV), 2 Würfel pro Gr

VORBEREITUNG

Die Lehrperson notiert auf den 24 Quartett-Karten auf der KV für s und r Zahlen zwischen 1 und 9 in unterschiedlichen Kombinationen (siehe Beispiel links) und kopiert die Vorlage für jede 4er-Gruppe einmal, sodass jede Gruppe sie auseinanderschneiden kann und damit einen Satz Quartett-Karten erhält (alternativ können die Schüler die Zahlen auch selbst eintragen). Außerdem bekommt jede Gruppe zwei Würfel.

VERLAUF

$r = 2 \qquad s = 5$

$a^r \cdot a^s = ?$
$a^r : a^s = ?$
$(a^r)^s = ?$
$a^r \cdot b^r = ?$
$a^r : b^r = ?$

- Pro Gruppe werden die Karten gemischt und an die vier Gruppenmitglieder verteilt. Jeder Schüler hält seine Karten hintereinander, sodass er nur die vorderste sehen kann.
- Der links neben dem Geber sitzende Schüler würfelt nacheinander mit beiden Würfeln: Der erste Würfel gibt die Zahl a an, der zweite Würfel die Zahl b (z. B. a = 6 und b = 4).
- Dieser Schüler nennt die verkürzte Form einer Zeile seiner Wahl, z. B. $(a^r)^s = (6^2)^5 = 6^{10}$.
- Es gewinnt derjenige den Stich, der die höchste Zahl in dieser Zeile hat (was ja abhängig von den Variablen r und s ist; daher erhalten die Schüler unterschiedliche Werte).
- Der Gewinner sortiert alle vier Karten hinter seinen anderen Karten ein.
- Er ist als Nächstes an der Reihe, die Variablen a und b für die nächste Runde auszuwürfeln und die dazugehörige Lösung einer Zeile seiner Wahl zu nennen.
- Wer nur noch drei Karten in seinen Händen hält, darf sich bei der nächsten Runde nach dem Würfeln aussuchen, von welcher der drei Karten er das Ergebnis der vorgegebenen Zeile nennt.
- Der Schüler mit allen Karten in seinen Händen gewinnt.

DIFFERENZIERUNG

- Die Schüler dürfen bei Unstimmigkeiten einen Taschenrechner als Hilfsmittel benutzen, jedoch nur die umgewandelte Formel eintippen.
- Es können auch die gewonnenen Stiche pro Schüler gezählt werden.

r = _____ **s =** _____	**r =** _____ **s =** _____
$a^r \cdot a^s = ?$	$a^r \cdot a^s = ?$
$a^r : a^s = ?$	$a^r : a^s = ?$
$(a^r)^s = ?$	$(a^r)^s = ?$
$a^r \cdot b^r = ?$	$a^r \cdot b^r = ?$
$a^r : b^r = ?$	$a^r : b^r = ?$

r = _____ **s =** _____   **r =** _____ **s =** _____

$a^r \cdot a^s = ?$ $a^r \cdot a^s = ?$
$a^r : a^s = ?$ $a^r : a^s = ?$
$(a^r)^s = ?$ $(a^r)^s = ?$
$a^r \cdot b^r = ?$ $a^r \cdot b^r = ?$
$a^r : b^r = ?$ $a^r : b^r = ?$

(Die Karten wiederholen sich rasterförmig: 4 Spalten × 6 Zeilen, jede Karte enthält:)

r = _____ **s =** _____

$a^r \cdot a^s = ?$
$a^r : a^s = ?$
$(a^r)^s = ?$
$a^r \cdot b^r = ?$
$a^r : b^r = ?$

© Verlag an der Ruhr | Autorinnen: K. Barth, S. Müller | ISBN 978-3-8346-2400-0 | www.verlagruhr.de

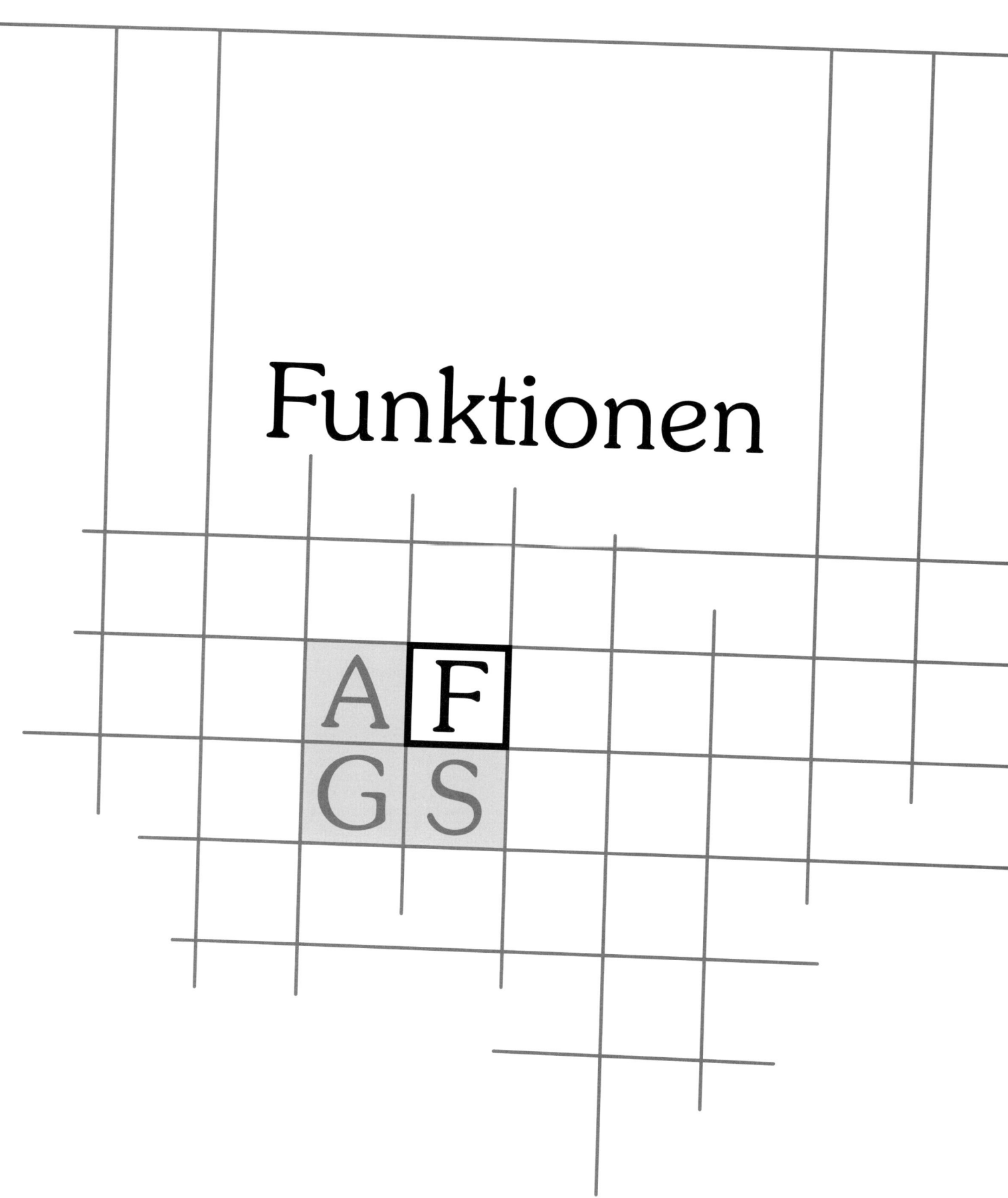

Funktionen

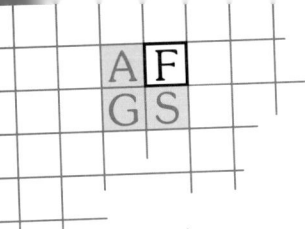

(Anti-)Proportionale Zuordnungen mit Dreisatz – *Süßes Eis*

Verstehen

Inhaltsbezogene Kompetenz:
Anwenden von proportionalen, antiproportionalen
Zuordnungen in Tabellen und Realsituationen,
Anwenden von einfachen Dreisatzverfahren zur
Lösung außermathematischer Problemstellungen

Prozessbezogene Kompetenz:
AK10, P09, M06

Sozialform: GA (4er- oder 5er-Gruppen)

Zeit: 30 min

Material:
Arbeitsblätter ① und ② (KV), 1 Tüte Gummibärchen
à 60 Stück pro Gr, 3 einzelne Kaubonbons pro S

VORBEREITUNG

Die Kopiervorlage wird im Klassensatz kopiert und die Teile ① und ②
werden auseinandergeschnitten.
Die Schüler bilden Gruppen mit je vier bis fünf Schülern. Jede Gruppe
erhält eine Tüte Gummibärchen, jeder Schüler das Arbeitsblatt ①.
Nach dessen Bearbeitung bekommt jeder Schüler drei einzelne
Kaubonbons und das Arbeitsblatt ②.

VERLAUF

- Die Schüler bearbeiten das Arbeitsblatt ①: Zunächst ordnen sie
  in einer Tabelle die Anzahl der Personen der Anzahl der Gummibärchen pro Person zu.
- Als Nächstes beschreiben sie, was ihnen auffällt („je mehr, desto
  weniger"; „geht nicht immer auf").
- Nun erläutern die Schüler, wie man von einer Zeile zur nächsten
  kommt (z. B. „linke Seite mit 3 multiplizieren/dividieren, rechte Seite
  mit 3 dividieren/multiplizieren") und diskutieren, ob dies immer
  gelingt („Nein.").
- Die Schüler stellen fest, mit welcher Zahl dies immer funktioniert
  („mit der Zahl 1") und skizzieren eine kurze Lösungsstrategie
  („Dreisatz").
- Abschließend überprüfen sie dies in einer Beispielaufgabe.
- Als Abschluss essen die Schüler die Gummibärchen/Kaubonbons.
- Der gleiche Ablauf erfolgt mit Arbeitsblatt ②. Hierbei geht es um
  proportionale Zuordnungen („je mehr, desto mehr"-Zuordnungen;
  „immer plus 3").

DIFFERENZIERUNG

Es bietet sich an, mehrere Stationen mit ähnlichen Aufgaben zum
Ausprobieren aufzubauen.

(Anti-)Proportionale Zuordnungen mit Dreisatz –
Arbeitsblätter

① In einer Gummibärchentüte befinden sich 60 Gummibärchen.

1. Findet heraus, wie viele Gummibärchen jeder von euch bekommt.
   Vervollständigt die Tabelle mit anderen Personenanzahlen und bestimmt
   die zugehörige Anzahl der Gummibärchen:

Anzahl der Personen	Anzahl der Gummibärchen
5	12

2. Notiert, was euch auffällt.

3. Beschreibt mit Pfeilen, wie man von einer Zeile zu einer anderen kommt.
   Diskutiert, ob dies immer gelingt.

4. Findet heraus, bei welcher Zahl dies immer funktioniert.

5. **Beispielaufgabe:** Jeder von fünf Schülern hat vier Wassereis.
   Ein Schüler möchte seine aber nicht essen. Berechnet in einer Tabelle,
   wie viele Wassereis die anderen vier bekommen.

---

② Jeder von euch erhält drei einzelne Kaubonbons.

1. Vervollständigt die Tabelle und bestimmt so die zugehörige Gesamtanzahl
   von Kaubonbons:

Anzahl der Personen	Anzahl der Kaubonbons
1	3
2	
3	
4	
5	

2. Notiert, was euch auffällt.

3. Beschreibt mit Pfeilen, wie man von einer Zeile zu einer anderen kommt.

4. Findet heraus, von welcher Zeile man zu allen anderen Zeilen kommt,
   und beschreibt euren Lösungsweg in eigenen Worten.

5. **Beispielaufgabe:** Anton kauft sich drei Kugeln Eis für 240 Cent.
   Bruno hat vier Kugeln Eis gekauft. Berechnet in einer Tabelle,
   wie viel Cent Bruno bezahlt hat.

© Verlag an der Ruhr | Autorinnen: K. Barth, S. Müller | ISBN 978-3-8346-2400-0 | www.verlagruhr.de

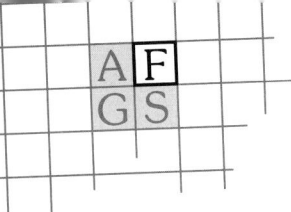

(Anti-)Proportionale Zuordnungen mit Dreisatz – *Gallisches Wetter*

Üben

Inhaltsbezogene Kompetenz:
Identifizieren von (anti-)proportionalen Zuordnungen in Tabellen, Termen und Realsituationen, Anwenden von Eigenschaften (anti-)proportionaler Zuordnungen sowie von einfachen Dreisatzverfahren zur Lösung außer- und innermathematischer Problemstellungen

Prozessbezogene Kompetenz:
AK09, P09, M04, M05

Sozialform: GA (3er-Gruppen)

Zeit: 30 min

Material:
6 Symbolkarten (Sonne, Mond, Stern, Wolke, Regen, Blitz), je 3 antiproportionale und proportionale Aufgaben

VORBEREITUNG Es werden sechs Tische aufgebaut und mit den Symbolen Sonne, Mond, Stern (proportionale Zuordnung), Wolke, Regen, Blitz (antiproportionale Zuordnung) gekennzeichnet. Die Lehrperson erstellt für jedes Symbol eine proportionale bzw. antiproportionale Aufgabe, kopiert sie 7-mal und legt sie an den entsprechenden Symboltisch. Die Schüler bilden 3er-Gruppen.

Beispiel-Aufgabe am „Wolken-Tisch":
Sechs Freundinnen wollen zusammen ins Kino. Die Karten kosten insgesamt 36 €. Kurzfristig erkranken zwei der Mädchen und zwei weitere haben ihre Hausaufgaben noch nicht fertig, sodass die Eltern den Kinobesuch nicht erlauben.

Deshalb können sie nur noch zu zweit in die Vorstellung gehen. Berechne, wie teuer die zwei Karten sind.

$$\begin{array}{c|c} 6 & 36 \\ 1 & 6 \\ 2 & 12 \end{array}$$

← Buchstabe für 1. Dreisatzschritt = F
← Buchstabe für 2. Dreisatzschritt = L

VERLAUF
■ Die drei Schüler einer Gruppe teilen die sechs Tische untereinander auf, sodass jeder zwei Aufgaben berechnet (eine proportionale und eine antiproportionale).

■ Jeder Schüler begibt sich an seinen ersten Tisch und löst dort die Aufgabe.

■ Im ersten Dreisatzschritt muss er zur 1 rechnen (auch wenn eine andere Zahl günstiger ist). Die Lösungszahl (oder deren Quersumme) der anderen Spalte ergibt einen Buchstaben (1 = A, 2 = B, 3 = C …) für das erste Lösungswort (siehe linke Tabelle).

■ Im zweiten Dreisatzschritt wird der Buchstabe für das zweite Lösungswort gefunden (siehe rechte Tabelle).

1. Dreisatzschritt					
☼	☾	✡	☁	🌧	⚡
9	4	5	6	9	24
I	D	E	F	I	X

2. Dreisatzschritt					
☼	☾	✡	☁	🌧	⚡
15	2	5	12	9	24
O	B	E	L	I	X

■ Sind alle sechs Aufgaben gelöst, tragen die drei Schüler ihre Buchstaben zusammen und suchen die Lösungswörter. Bei Unstimmigkeiten kontrollieren sie sich untereinander.

Prozentrechnung – *Seeräuber der Karibik*

Inhaltsbezogene Kompetenz:
Berechnen von Prozentwert, Prozentsatz und
Grundwert in Realsituationen

Prozessbezogene Kompetenz:
AK08, AK12, M04

Sozialform: EA

Zeit: 15 min

Material:
4 Plakate (KV), 1 Aufgabenbogen pro S (KV),
3 „Hafen"-Kennzeichnungen

VORBEREITUNG

Die vier Plakate werden je 3-mal kopiert und im Raum aufgehängt.
Es werden außerdem drei „Häfen" gekennzeichnet (z. B. durch drei
Zettel, auf denen Fotos von Seeräubern zu sehen sind). Jeder Schüler
erhält einen Aufgabenbogen, den er immer an seinem Platz liegen
lässt.

VERLAUF

- Jeder Schüler versucht, die Aufgaben auf seinem Aufgabenbogen
  zu beantworten. Die Lösungen befinden sich auf den Plakaten.
- Wichtig ist, dass der Aufgabenbogen am Platz liegen bleiben muss
  (durch das Bewegen und die Entfernung müssen sich die Schüler
  die Inhalte merken und damit einprägen).
- Sobald ein Schüler alle Aufgaben bearbeitet hat, begibt er sich an
  einen der „Häfen". Dort wartet er auf den nächsten Schüler und
  die beiden vergleichen ihre Lösungen.
- Bei Unstimmigkeiten wird die richtige Lösung gemeinsam mithilfe
  der Plakate herausgefunden.

DIFFERENZIERUNG

- Es kann auch eine Musterlösung an den Häfen ausgelegt werden.
- Diejenigen Schüler, die alle Lösungen verglichen und ggf. korrigiert
  haben, bearbeiten kleine Aufgaben zu den drei einzelnen Bereichen
  Prozentwert, Prozentsatz oder Grundwert (Vertiefung des Gelernten).
  Dabei bieten sich unterschiedliche Schwierigkeitsgrade an.
- Schnelle Schüler können auch nach Alltagssituationen suchen,
  bei denen ihnen Prozente begegnen.

> **Hinweis:** *Diese Einheit lässt
> sich in ähnlicher Weise auch
> für die Zinsrechnung nutzen.*

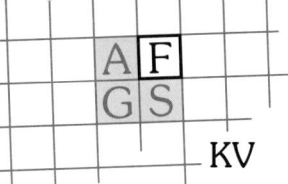
Plakat 1: Fette Beute voraus – „Wie groß ist mein Anteil?"

Kapitän Johnny ist ein erfolgreicher Seeräuber – furchtlos und angriffslustig. Was man nicht weiß: Er ist auch ein schlauer Kopf, denn er bekommt immer einen größeren prozentualen Anteil von einer Beute als die anderen Piraten. Der Begriff **„Prozent"** ist lateinischer Herkunft und bedeutet „von 100" (Johnny stellt sich also die Frage: „Wie viele Goldstücke bekomme ich von 100 erbeuteten Goldstücken?"). Das dazugehörige Zeichen **„%"** gibt Mengenverhältnisse an und kann als Bruch mit dem Nenner 100 dargestellt werden.

Du kennst **Anteile** bereits aus der Bruch- ($\frac{7}{10}$) und Dezimalrechnung (0,7).

Speziell die Hundertstelbrüche ($\frac{21}{100}$) sollten dir bekannt sein,

wenn du ein guter Seeräuber wie Johnny werden willst.

Eigentlich lässt sich die gesamte Prozentrechnung mit einer **Formel** ausdrücken, wenn man sich mit Gleichungen auskennt:

$$\frac{W}{G} = \frac{p}{100} \qquad \frac{\text{Prozentwert (W)}}{\text{Grundwert (G)}} = \frac{\text{Prozentsatz (p) [in \%]}}{100\,\%\,(100)}$$

Für diese Formel sind viele Seeräuber allerdings nicht schlau genug. Bist du's?

Aufgabenbogen: Wie viel Prozent Karibik steckt in dir?

1. Nenne alle Darstellungsmöglichkeiten für Anteile:

_____

2. Beschreibe die allgemeine Formel der Prozentrechnung in eigenen Worten.

_____

_____

3. Gib an, was für die Berechnung einer fehlenden Größe notwendig ist.

_____

4. Verdeutliche die Bedeutung des Grundwertes.

_____

5. Beschreibe das Beispiel für die Bestimmung des Prozentsatzes p.

_____

6. Formuliere die Bestimmung des Prozentwertes W in eigenen Worten.

_____

© Verlag an der Ruhr | Autorinnen: K. Barth, S. Müller | ISBN 978-3-8346-2400-0 | www.verlagruhr.de

Plakat 2:

Zur **Berechnung einer fehlenden Größe** wird die Angabe der anderen zwei Größen benötigt. Der **Grundwert G** wird definiert als die Größe des Ganzen. Dies entspricht 100 %.

Beispiel: Ein Schiff ist mit 102 Seeräubern (W) nur zu 30 Prozent (p) besetzt. Bestimme die Anzahl aller Seeräuber, die auf dem Schiff Platz hätten.

%	Seeräuber
30	102
1	$\frac{102}{30}$
100	340

:30 ( ) :30
·100 ( ) ·100

$$G = \frac{W \cdot 100}{p}$$

➔ Wäre das Schiff voll besetzt (also zu 100 %), würden sich G = 340 Seeräuber darauf befinden.

Plakat 3:

Zur **Berechnung einer fehlenden Größe** wird die Angabe der anderen zwei Größen benötigt. Der **Prozentsatz p** beschreibt, wie viele Hundertstel des Grundwertes G die Angabe W beträgt.

Beispiel: Bei der Kapitänswahl entfielen 140 Stimmen (W) von 200 Stimmen (G) auf Kapitän Johnny. Bestimme den Prozentsatz.

Stimmen	%
200	100
1	$\frac{100}{200}$
140	70

:200 ( ) :200
·140 ( ) ·140

$$p = \frac{W \cdot 100}{G}$$

➔ Kapitän Johnny hat also p = 70 % der gesamten Stimmen erhalten.

Plakat 4:

Zur **Berechnung einer fehlenden Größe** wird die Angabe der anderen zwei Größen benötigt. Der **Prozentwert W** wird als der reale Anteil des Grundwertes (G) definiert, der dem Prozentsatz (p) entspricht.

Beispiel: Aus einer Schatztruhe mit 34 000 Goldstücken (G) werden 26 Prozent (p) gestohlen. Bestimme den Verlust an Kronen.

%	Goldstücke
100	34 000
1	$\frac{34\,000}{100}$
26	8840

:100 ( ) :100
·26 ( ) ·26

$$W = \frac{G \cdot p}{100}$$

➔ Es wurden also W = 8 840 Goldstücke aus der Schatztruhe entwendet.

© Verlag an der Ruhr | Autorinnen: K. Barth, S. Müller | ISBN 978-3-8346-2400-0 | www.verlagruhr.de

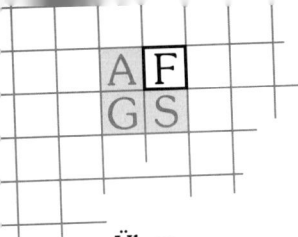

Prozentrechnung –
Prozent-Schlacht

Üben

Inhaltsbezogene Kompetenz:
Berechnen von Prozentwert, Prozentsatz und
Grundwert in Realsituationen

Prozessbezogene Kompetenz:
AK09, P09, P13, M05

Sozialform: GA, EA

Zeit: 45 min

Material: große und kleine Zettel, Stifte
und Kreppband zur Plakaterstellung pro Gr

VORBEREITUNG
Die Schüler bilden Gruppen, von denen jede das Material zur Plakaterstellung erhält.

VERLAUF
Phase 1:
- Jede Gruppe denkt sich eine Textaufgabe zur Prozentrechnung
  aus und notiert diese auf ihrem Plakat. Mindestens einer der drei
  Bereiche „Prozentwert", „Prozentsatz" und „Grundwert" muss
  dabei behandelt werden.
- Die Lösung wird auf ein zweites, kleineres Blatt geschrieben und
  verdeckt auf das Plakat geklebt, sodass die Lösung durch Hoch-
  klappen des Blattes eingesehen werden kann.
- Die fertigen Aufgaben-Plakate werden im Klassenraum verteilt
  aufgehängt oder ausgelegt.

Phase 2:
- Jeder Schüler sucht sich eine Aufgabe von einem der fremden
  Plakate aus.
- Anschließend löst er die Aufgabe an seinem Platz.
- Bei Problemen bittet er einen Experten (ein Mitglied der Gruppe,
  die die Aufgabe erstellt hat) um Rat.
- Abschließend überprüft er seine Lösung selbstständig durch
  Umklappen des Zettels auf dem Plakat und korrigiert ggf. seine
  Rechnung.

DIFFERENZIERUNG
- Schnelle Schüler können weitere Plakat-Aufgaben lösen.
- Die Schüler können sich weitere Aufgaben ausdenken.

> **Hinweis:** *Diese Einheit lässt
> sich in ähnlicher Weise für
> die Zinsrechnung nutzen.*

Lineare Funktionen –
Geradliniger Museumsgang

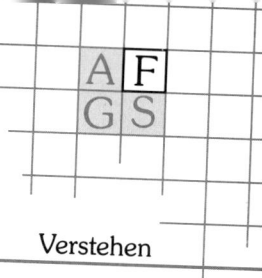

Inhaltsbezogene Kompetenz:
Interpretieren von Graphen von Termen linearer funktionaler Zusammenhänge, Identifizieren von proportionalen, antiproportionalen und linearen Zuordnungen in Termen

Prozessbezogene Kompetenz:
AK08, AK11, AK12, P07

Sozialform: GA (6 Gruppen)

Zeit: 45 min

Material: Arbeitsblätter (KV), 1 DIN-A3-Zettel und verschiedenfarbige Stifte zur Plakaterstellung pro Gr

VORBEREITUNG

Die Schüler werden in sechs Gruppen eingeteilt, wobei je zwei Gruppen das gleiche Thema (f(x) = mx; m > 0, f(x) = mx; m < 0; f(x) = x + b) zugeordnet wird. Jede Gruppe erhält das Material zur Plakaterstellung und jeder Schüler bekommt das zu seinem Gruppenthema gehörende Arbeitsblatt.

VERLAUF

- Jeder Schüler eignet sich anhand des Arbeitsblattes sein Thema selbstständig an.
- Anschließend erstellt jede Gruppe gemeinsam ein Plakat zu ihrem Thema.
- Jeweils drei unterschiedliche Gruppen bilden einen „Museumsgang", sodass zwei Museumsgänge mit je drei Themen entstehen.
- Jeweils ein Experte bleibt am eigenen Plakat stehen. Alle anderen Gruppenmitglieder rücken ein Thema weiter. Bei jedem Plakat erklärt der Experte den „Besuchern", was seine Gruppe herausgefunden hat. Rückfragen sind erwünscht. Anschließend zieht der Experte mit den Besuchern weiter zum nächsten Plakat, allerdings bleibt ein Schüler aus der besuchenden Gruppe am Plakat stehen und erläutert den Schülern der als Nächstes vorbeikommenden Gruppe, was er gerade gelernt hat. Es muss 4-mal auf diese Weise aufgerückt werden, damit auch die Experten der ersten Runde alle Plakatinformationen erhalten.

DIFFERENZIERUNG

Das Thema f(x) = x + b eignet sich für leistungsschwächere Schüler, die anderen beiden Themen eher für leistungsstärkere.

Lineare Funktionen –
KV *Arbeitsblätter (1/2)*

Expertengruppe: f(x) = mx, m > 0

Eure Aufgabe ist es, durch die folgenden vier Schritte ein Plakat für eure Mitschüler zu erstellen:

1. Gegeben sind Funktionen mit folgenden Zuordnungsvorschriften:

   $f_1(x) = 2x$ *rot* $f_3(x) = x$ *schwarz* $f_5(x) = 1{,}75x$ *orange*

   $f_2(x) = \frac{1}{2}x$ *blau* $f_4(x) = \frac{2}{3}x$ *grün*

   Erstellt jeweils eine Wertetabelle und zeichnet die Graphen mit den angegebenen Farben in ein gemeinsames Koordinatensystem ein.

2. Beschreibt Gemeinsamkeiten und Unterschiede der Funktionsgraphen. Nennt zusätzlich einen Zusammenhang mit dem Wert m.

3. Erklärt die folgenden unterstrichenen Begriffe in eigenen Worten:

   > Funktionen mit der Zuordnungsvorschrift f(x) = mx haben als Schaubild eine **Ursprungsgerade**. Die Zahl m nennt man die **Steigung der Geraden**.

4. Ihr kennt den Begriff „Steigung" von Straßenschildern. 4 % Steigung bedeutet, dass die Straße auf eine horizontale Entfernung von 100 m um 4 m ansteigt.

   > Das eingezeichnete Dreieck nennt man das **Steigungsdreieck der Geraden**. Man kann es bei jedem beliebigen Punkt der Geraden beginnen lassen.

Expertengruppe: f(x) = mx, m < 0

Eure Aufgabe ist es, durch die folgenden vier Schritte ein Plakat für eure Mitschüler zu erstellen:

1. Gegeben sind Funktionen mit folgenden Zuordnungsvorschriften:

   $f_1(x) = -2x$ *rot* $f_3(x) = -x$ *schwarz* $f_5(x) = -1{,}75x$ *orange*

   $f_2(x) = -\frac{1}{2}x$ *blau* $f_4(x) = -\frac{2}{3}x$ *grün*

   Erstellt jeweils eine Wertetabelle und zeichnet die Graphen mit den angegebenen Farben in ein gemeinsames Koordinatensystem ein.

2. Beschreibt Gemeinsamkeiten und Unterschiede der Funktionsgraphen. Nennt zusätzlich einen Zusammenhang mit dem Wert m.

3. Erklärt die folgenden unterstrichenen Begriffe in eigenen Worten:

   > Funktionen mit der Zuordnungsvorschrift f(x) = mx haben als Schaubild eine **Ursprungsgerade**. Die Zahl m nennt man die **Steigung der Geraden**.

4. Ihr kennt den Begriff „Steigung" von Straßenschildern. 4 % Gefälle (= negative Steigung) bedeutet, dass die Straße auf eine horizontale Entfernung von 100 m um 4 m abfällt.

   > Das eingezeichnete Dreieck nennt man das **Steigungsdreieck der Geraden**. Man kann es bei jedem beliebigen Punkt der Geraden beginnen lassen.

© Verlag an der Ruhr | Autorinnen: K. Barth, S. Müller | ISBN 978-3-8346-2400-0 | www.verlagruhr.de

Mathe *aktiv* und *anschaulich* vermitteln

Expertengruppe: f(x) = x + b

Eure Aufgabe ist es, durch die folgenden fünf Schritte ein Plakat für eure Mitschüler zu erstellen:

1. Gegeben sind Funktionen mit folgenden Zuordnungsvorschriften:

$f_1(x) = x + 5$ *rot* $f_3(x) = x + 0$ *schwarz* $f_5(x) = x + 2$ *orange*

$f_2(x) = x - 4$ *blau* $f_4(x) = x - 1$ *grün*

Erstellt jeweils eine Wertetabelle und zeichnet die Graphen mit den angegebenen Farben in ein gemeinsames Koordinatensystem ein.

2. Beschreibt Gemeinsamkeiten und Unterschiede der Funktionsgraphen. Nennt zusätzlich einen Zusammenhang mit dem Wert b.

3. Erklärt die folgenden unterstrichenen Begriffe in eigenen Worten:

> Die Zahl b nennt man den **y-Achsenabschnitt der Geraden**. Graphen von Funktionen mit der Zuordnungsvorschrift y = x + b verlaufen **parallel** zur x-Achse und zu allen anderen Graphen mit dieser Funktion.

4. Zeichnet nun wieder mithilfe von Wertetabellen die Graphen folgender Funktionen in zwei getrennte Koordinatensysteme ein:

$f_1(x) = 3x + 2$ $g_1(x) = 3x - 1$

$f_2(x) = \frac{1}{2}x + 2$ $g_2(x) = \frac{1}{2}x - 1$

$f_3(x) = -2x + 2$ $g_3(x) = -2x - 1$

$f_4(x) = -\frac{1}{4}x + 2$ $g_4(x) = -\frac{1}{4}x - 1$

5. Beschreibt Gemeinsamkeiten und Unterschiede der Funktionsgraphen.

> Funktionsgraphen mit dem gleichem Wert für b **gehen alle durch den Punkt P (0|b) auf der y-Achse**.

© Verlag an der Ruhr | Autorinnen: K. Barth, S. Müller | ISBN 978-3-8346-2400-0 | www.verlagruhr.de

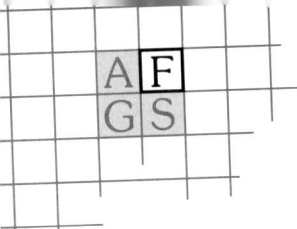

Lineare Funktionen –
Positionsturnier

Üben

Inhaltsbezogene Kompetenz:
Darstellen von Zuordnungen in Graphen und in Termen und Wechseln zwischen diesen Darstellungen, Interpretieren von Graphen von Termen linearer funktionaler Zusammenhänge

Prozessbezogene Kompetenz:
AK11, AK14, P10, P14

Sozialform: EA in GA (6 Gruppen)

Zeit: 25 min

Material: Aufgabenkarten (BKV, S. 166), 72 Gewinnpunkte (z. B. Jetons)

VORBEREITUNG

$y = -3x + 7$

$y = 8x + 1{,}2$

$y = -1{,}2x - 5$

Auf den von 1 bis 6 nummerierten Gruppentischen liegen verdeckt jeweils 12 mithilfe der BKV erstellte Aufgabenkarten (siehe Beispiele) sowie 12 Gewinnpunkte.
Die Klasse bildet sechs Gruppen. Innerhalb der Gruppen legen die Schüler eine geschickte Rangfolge fest und nehmen entsprechend ihres Ranges an den Tischen Platz: Die Leistungsstärke nimmt mit steigender Nummer ab (z. B. setzt sich der stärkste Schüler mit Rang 1 an Tisch 1).
Jeder Schüler zeichnet zwei Koordinatensysteme.

VERLAUF

$y = 2x - 8$

$y = 6x$

$y = -\frac{1}{2}x + 2$

- An jedem Tisch zieht jeder Schüler eine Aufgabenkarte und zeichnet den Graphen in dem ersten Koordinatensystem ein.
- Wer am schnellsten den richtigen Graphen vollständig gezeichnet hat, bekommt einen Gewinnpunkt für die gesamte Gruppe.
- Dieser Vorgang wiederholt sich mehrfach.
- Nach ca. 10 Minuten erfolgt in den einzelnen Gruppen eine geheime Teambesprechung, um ggf. die Rangfolge zu variieren. Manchmal bietet es sich an, den stärksten Schüler an eine niedrigere Tischnummer zu setzen, damit dieser dort mehr Gewinnpunkte erzielen kann.
- Es folgt eine zweite Runde im zweiten Koordinatensystem.
- Die Gruppe mit den meisten Gewinnpunkten gewinnt.

DIFFERENZIERUNG

$y = 30 - 2x$

$y = 6x - 7$

$y = -0{,}2x + 6$

$y = -4x$

$y = 7x + 6$

$y = \frac{3}{5}x - 7$

- Es können unterschiedliche Gewinnpunkte an den einzelnen Tischen vergeben werden (z. B. werden an den leistungsschwächeren Tischen (mit höherer Nummer) je Graph zwei Gewinnpunkte vergeben).
- Es werden Aufgabenkarten mit unterschiedlichen Schwierigkeitsgraden (z. B. Terme mit/ohne Brüche) an den einzelnen Tischen vorgegeben.

Berechnen von Nullstellen –
Hilfe, eine Nullnummer!

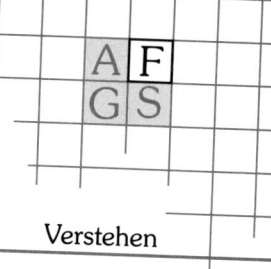

Inhaltsbezogene Kompetenz:
Lösen von linearen Gleichungen, Verwenden von Kenntnissen über lineare Gleichungen zur Lösung innermathematischer Probleme

Prozessbezogene Kompetenz:
AK10, AK15, M04, M05

Sozialform: EA, PA

Zeit: 30 min

Material: Anwendungsaufgaben, Hilfekarten-Set zum Lösen linearer Gleichungen (KV)

VORBEREITUNG

Beispiel-Aufgabe

Eine 15 cm lange Kerze brennt in einer Stunde um 2 cm ab. Stelle eine Funktionsgleichung auf und zeichne den Graphen. Gib an, wann die Kerze vollständig abgebrannt ist.

Lösung:
$y = -2x + 15;\ N(7,5\,|\,0)$

Die Lehrperson erstellt 8 Anwendungsaufgaben zum Thema Nullstellenberechnung (vgl. Beispiel im Kasten), und legt sie auf 8 Tischen aus. Für die Bearbeitung der Aufgaben werden den Schülern Hilfekarten zur Verfügung gestellt. Dazu werden aus der KV wie folgt fünf identische Sets erstellt, die später an fünf verschiedenen „Hilfestationen" im Raum ausliegen: Die Kopfzeile der Tabelle wird abgeschnitten und als eine Art Stationskennzeichnung ausgelegt. Der untere Teil wird zeilenweise auseinandergeschnitten. Jede Zeile wird spaltenweise geknickt, sodass vorne der Punkt steht, an dem der Schüler Hilfe benötigt (linke Spalte, z. B. „Ich hab's bis hierhin geschafft: mx + b = 0"), hinten steht der dazugehörige Tipp (mittlere Spalte) und nach innen geklappt ist die Lösung dieses Tipps zu finden (rechte Spalte). Die vier Hilfekarten werden an jeder Station so ausgelegt, dass die linke Spalte oben liegt.
Der Umgang mit den Hilfekarten wird den Schülern erläutert.

VERLAUF

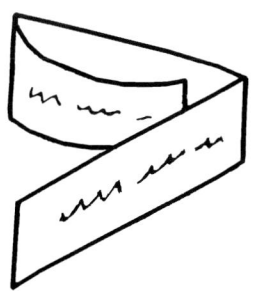

- Die Schüler gehen nacheinander an beliebige Tische. Sie müssen insgesamt mindestens zwei Aufgaben lösen.
- Zunächst zeichnen sie die entsprechende lineare Funktion, lesen die Koordinaten des auf der x-Achse liegenden Punktes ab und notieren diese („N(x|0)").
- Anschließend finden sie mit einem Partner die Besonderheit aller dieser Punkte heraus („Die y-Koordinate ist immer 0").
- Nun versuchen sie, diese Koordinate rechnerisch zu bestimmen. Als Hilfsmittel stehen ihnen die Hilfekarten-Sets zur Verfügung.
- Ein Schüler, der eine Aufgabe fertig berechnet hat, wird zum Experten für diese Aufgabe.

DIFFERENZIERUNG

- Die Anzahl der Tipps auf den Hilfekarten kann minimiert werden.
- Die Schüler können eigenständig ein Hilfekarten-Set für die Nullstellen-Berechnung erstellen.

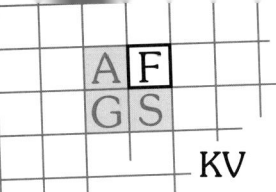
Lösen linearer Gleichungen $y = mx + b = 0$		
Ich finde keinen Ansatz.	Notiere deinen y-Wert.	$y = 0$
Ich hab's bis hierhin geschafft: $y = 0$	Ersetze y durch den Funktionsterm.	$mx + b = 0$
Ich hab's bis hierhin geschafft: $mx + b = 0$	Löse die Gleichung nach x auf.	$mx = -b$
Ich hab's bis hierhin geschafft: $mx = -b$	Löse die Gleichung nach x auf.	$x = \dfrac{-b}{m}$

© Verlag an der Ruhr | Autorinnen: K. Barth, S. Müller | ISBN 978-3-8346-2400-0 | www.verlagruhr.de

Berechnen von Nullstellen – *Nullstellen-Kaiser*

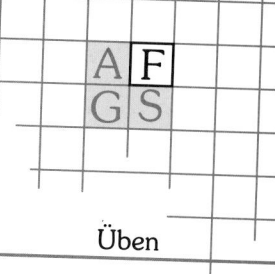

Inhaltsbezogene Kompetenz:
Algebraisches Lösen von linearen Gleichungen,
Nutzen von Proben als Rechenkontrolle

Prozessbezogene Kompetenz:
P09, P13

Sozialform: EA in GA (2 Gruppen)

Zeit: 25 min

Material: 28 Aufgabenkarten pro Tisch (BKV, S. 166)

VORBEREITUNG

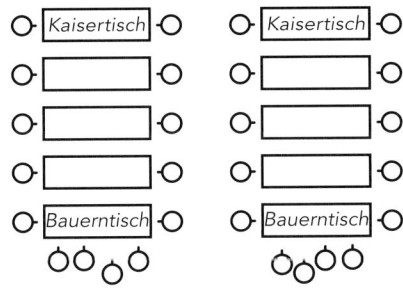

Zunächst werden mithilfe der BKV 28 Aufgabenkarten zur Nullstellenberechnung bei linearen Gleichungen erstellt.

Die Klasse wird in zwei Hälften geteilt. Für jede Hälfte wird eine Tischreihe aufgestellt (vgl. Skizze). Die Anzahl der Tische ergibt sich dabei aus der Schülerzahl: An jedem Tisch sitzen sich zwei Schüler an den kurzen Seiten gegenüber und unterhalb des Bauerntischs stellen sich mindestens vier weitere Schüler auf.

Ziel der Übung ist es, sich durch Lösen der Aufgaben bis zum Kaisertisch hochzuarbeiten. Daher ist bei der Verteilung der Schüler an die Tische eine Zuteilung von leistungsschwächeren Schülern vom Kaisertisch ausgehend sinnvoll, weil sich ein schwächerer Schüler in den seltensten Fällen bis zum Kaisertisch hocharbeiten kann.

VERLAUF

- Alle Schüler an den Tischen drehen gleichzeitig eine Aufgabenkarte um und berechnen die Nullstelle der linearen Gleichungen. Sie haben dafür 5 Minuten Zeit.
- Ist die Zeit abgelaufen, gibt die Lehrperson ein Signal. An jedem Tisch gewinnt der Schüler, der seine Nullstelle als erster richtig berechnet hat.
- Der gegenübersitzende Schüler kontrolliert den Rechenweg und die Lösung.
- Wer gewinnt, rückt einen Tisch in Richtung Kaisertisch. Der Kaisertisch-Gewinner bleibt sitzen. Wer verliert, rückt einen Tisch in Richtung Bauerntisch. Der Bauerntischverlierer wird durch einen wartenden Schüler ersetzt.
- Wird die Aufgabe von einem oder beiden sich gegenübersitzenden Schülern nicht innerhalb der 5 Minuten gelöst, wird einer oder werden beide durch wartende Schüler (unterhalb des Bauerntisches) ausgetauscht.
- Nach einer bestimmten Aufgabenzahl steht der Nullstellenkaiser pro Tischreihe fest.

Hinweis: *Diese Übungseinheit bietet sich auch für die Nullstellenberechnung von quadratischen Gleichungen an (vgl. „Lösen quadratischer Gleichungen verstehen", S. 71).*

DIFFERENZIERUNG

Bei sehr großen Leistungsspannen bietet es sich an, die Klasse in zwei möglichst leistungshomogene Gruppen zu teilen. Die stärkeren Schüler an der einen Tischreihe erhalten dann schwierigere Aufgaben als die schwächeren Schüler an der anderen Tischreihe.

Geometrie

A F
G S

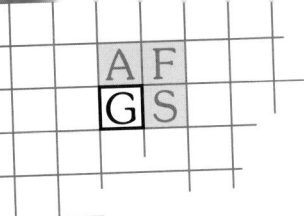

Koordinatensystem –
Blinder Schatz

Verstehen

Inhaltsbezogene Kompetenz:
Zeichnen von Mustern im ebenen Koordinatensystem (1. Quadrant)

Prozessbezogene Kompetenz:
AK02, AK04, M01

Ort: Schulhof und Klassenraum

Sozialform: PA, KU

Zeit: 45 min

Material:
Schulhof-Koordinatensystem, 1 Schatzkiste mit Schatz (z. B. Süßigkeiten), 1 Schal/Tuch pro 2 S

VORBEREITUNG

Die Lehrperson entwirft zunächst ein Koordinatensystem, in dem verschiedene, dem eigenen Schulhof entsprechende Elemente eingetragen werden (z. B. Bäume, Tischtennisplatten o. Ä.). Dieses Koordinatensystem wird für jeden Schüler kopiert.

Auf dem Schulhof wird ein gemeinsamer Startpunkt festgelegt (sinnvollerweise der Punkt O (0|0)). Die Schüler bilden Paare und jeweils ein Partner bekommt die Augen verbunden. Nun wird die Schatzkiste an beliebiger Stelle (aber innerhalb des vorliegenden Koordinatensystems) auf dem Schulhof platziert.

VERLAUF

- Der eine Schüler führt seinen nicht sehenden Partner zum Schatz. Dabei gelten folgende Regeln:
  - ✦ Ausschließlich die Anzahl der Schritte geradeaus wird angesagt.
  - ✦ Ein Richtungswechsel wird durch eine 90°-Drehung erlangt.
  - ✦ Die sehenden Schüler dürfen den Partner nicht anfassen, müssen ihn aber sichern (z. B. um einen Zusammenstoß zu vermeiden).
- Es gibt keinen Vorteil, wenn man die Kiste als Erster erreicht.
- Sind alle Schüler am Schatz angekommen, werden die Rollen getauscht und die Kiste wird neu platziert (der darin befindliche Schatz wird erst nach der zweiten Runde verteilt).
- Im Klassenraum zeichnet jeder Schüler den eigenen, blind gegangenen Weg in das Koordinatensystem entlang der Linien ein.
- Der Partner kontrolliert diesen eingezeichneten Weg.
- Anschließend versteckt jeder Schüler einen neuen Schatz in seinem Koordinatensystem und zeichnet einen möglichen Weg dorthin ein.
- Dieser Weg wird dem Partner mithilfe der im Koordinatensystem angegebenen Einheiten beschrieben, der ihn in sein eigenes Koordinatensystem einzeichnet. Die Wege und Ziele werden verglichen.
- Gemeinsam werden nun die Begriffe „erste Achse" und „zweite Achse" sowie „Koordinaten" eingeführt (z. B. „Erklärt, wie ihr einem Fremden den genauen Ort der Schatzkiste ohne Ablaufen des Weges beschreiben könnt.")
- Die Schüler nennen die genauen Koordinaten der zwei Schätze.

DIFFERENZIERUNG

Zur Vertiefung können auch die Koordinaten von z. B. Bäumen, Bänken, Tischtennisplatten etc. auf dem Schulhof bestimmt werden.

Koordinatensystem – *Schulhofbaumeister*

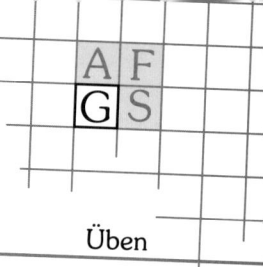

Inhaltsbezogene Kompetenz:
Zeichnen von Mustern im ebenen Koordinatensystem (1. Quadrant)

Prozessbezogene Kompetenz:
AK03, AK06, P04

Sozialform: GA (4 Gruppen)

Zeit: 20 min

Material:
1 DIN-A3-Koordinatensystem pro Gr, Koordinatenkarten (BKV, S. 166), 4 Würfel, Zuordnungstabelle „Würfelaugenzahl ➜ Bild" (vgl. Skizze)

VORBEREITUNG

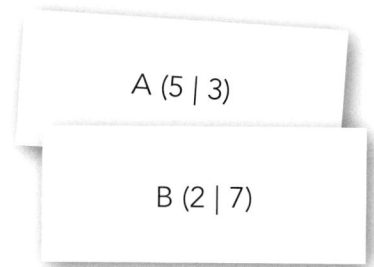

A (5 | 3)

B (2 | 7)

Zunächst entwirft die Lehrperson ein Koordinatensystem (x- und y-Achse bis 9), das 4-mal auf DIN-A3-Zettel kopiert wird. Dazu passend werden mithilfe der BKV 84 Koordinatenkarten erstellt (siehe Beispiele). An der Tafelseite werden vier Tische längs nebeneinandergestellt (Gruppenstarttische). Am anderen Ende des Raums werden ebenfalls vier Tische längs aneinandergestellt. Auf diesen Tischen werden die Koordinatenkarten gemischt ausgelegt. In der Mitte stehen zwei Tische mit je zwei Würfeln.

Die Schüler bilden vier Gruppen und stellen sich jeweils hintereinander hinter einem Starttisch auf, auf dem sich jeweils das vergrößerte Koordinatensystem, die Zuordnungstabelle „Würfelaugenzahl ➜ Bild" (vgl. Skizze unten – je nach Schulhofgestaltung können auch andere Elemente als Bild eingesetzt werden) und ein Stift befinden. Die Laufwege werden besprochen: Je zwei Gruppen teilen sich einen Würfeltisch, der Rückweg vom Koordinaten- zum Starttisch erfolgt auf dem kürzesten Weg außen herum.

VERLAUF

- Nach dem Startsignal der Lehrperson krabbelt der erste Schüler jeder Gruppe unter dem Tisch durch und läuft zu seinem Würfeltisch. Er würfelt mit einem Würfel einmal und merkt sich die Augenzahl. Diese bestimmt den zu zeichnenden Gegenstand.
- Er nimmt sich vom Koordinatentisch eine beliebige Koordinatenkarte, läuft außen zurück zu seiner Gruppe und klatscht den nächsten Schüler ab, der nun losläuft.
- Der zuerst gelaufene Schüler skizziert den erwürfelten Gegenstand (vgl. Zuordnungstabelle) im Koordinatensystem ein.
- Das Rennen ist beendet, wenn alle Koordinatenkarten aufgebraucht sind.
- Die Gruppe mit den meisten richtig eingezeichneten Gegenständen gewinnt.

DIFFERENZIERUNG

Die Gruppenmitglieder helfen beim Einzeichnen des Gegenstands.

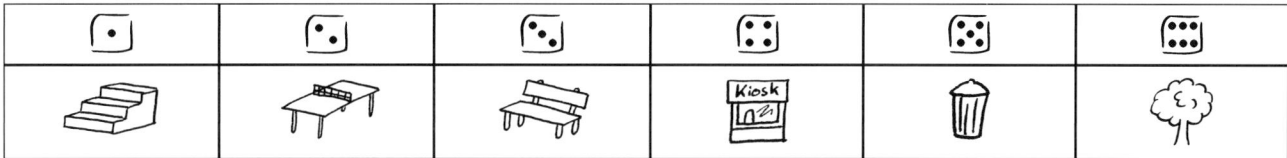

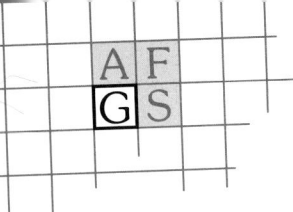

Figureneigenschaften –
Vier Ecken – viele Eigenschaften

Verstehen

Inhaltsbezogene Kompetenz:
Erfassen und Benennen der Eigenschaften von
Figuren (Rechteck, Quadrat, Parallelogramm,
Raute, Trapez, Drachenviereck, Kreis, Dreieck)

Prozessbezogene Kompetenz:
AK05, P06, M03, W02

Sozialform: GA (6 Gruppen), KU

Zeit: 15 min

Material:
Figuren- und Eigenschaften-Karten (KV),
18 DIN-A4-Blätter (6-mal grün und je 4-mal gelb,
rot und blau)

VORBEREITUNG

Es gibt vier Bereiche von Figureneigenschaften, denen jeweils eine
bestimmte Farbe zugeordnet ist:

Seiten → grün **Diagonale** → gelb **Winkel** → rot **Symmetrie** → blau

Jede der 18 Eigenschaften (KV) wird einzeln auf ein dementsprechend
farbiges DIN-A4-Papier geschrieben. Die Unterseite der Blätter wird
dann so gefaltet, dass eine Tasche entsteht. Zusätzlich werden die 18
Eigenschaften-Karten 6-mal kopiert, auseinandergeschnitten und
einzeln in die dazugehörige Tasche gesteckt.
Die farbigen Eigenschaften-Taschen werden nun durcheinander in der
Klasse aufgehängt.
Die Schüler bilden sechs Gruppen, von denen jede eine Figuren-Karte
(Pappmodell) bekommt. Sinnvoll sind die Figuren Quadrat, Rechteck,
Raute, Parallelogramm, Drachen und Trapez (KV).

VERLAUF

- Die einzelnen Gruppen gehen durch den Raum und lesen sich an
  den farbigen Taschen die verschiedenen Eigenschaften durch,
  die eine Figur haben kann.
- Findet die Gruppe eine zu ihrer Figur passende Eigenschaft, wird
  eine Eigenschaften-Karte aus der „Tasche" genommen. Die Schüler
  sammeln so alle auf ihre Figur zutreffenden Eigenschaften ein.
- Die Lösung wird am Ende gemeinsam besprochen, indem jede
  Gruppe ihre Figur mit den Eigenschaften in einer Tabelle an der
  Tafel notiert und vorstellt:

Viereck	Seiten	Diagonale	Winkel	Symmetrie
Quadrat	• alle gleich lang • gegenüberliegende ∥ • benachbarte ⊥ zueinander	• alle gleich lang • halbieren sich • ⊥ zueinander	• 4 rechte (∢)	• 4 Achsen
Rechteck	…	…	…	…

DIFFERENZIERUNG

- Als Selbstkontrolle kann auf der Rückseite der farbigen Eigenschaften-
  Taschen die Skizze der zutreffenden Figur(en) abgebildet werden.
- Eine fertige Gruppe kann die Eigenschaften zu einer weiteren Figur
  suchen.

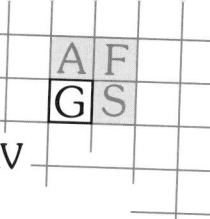

Figuren-Karten

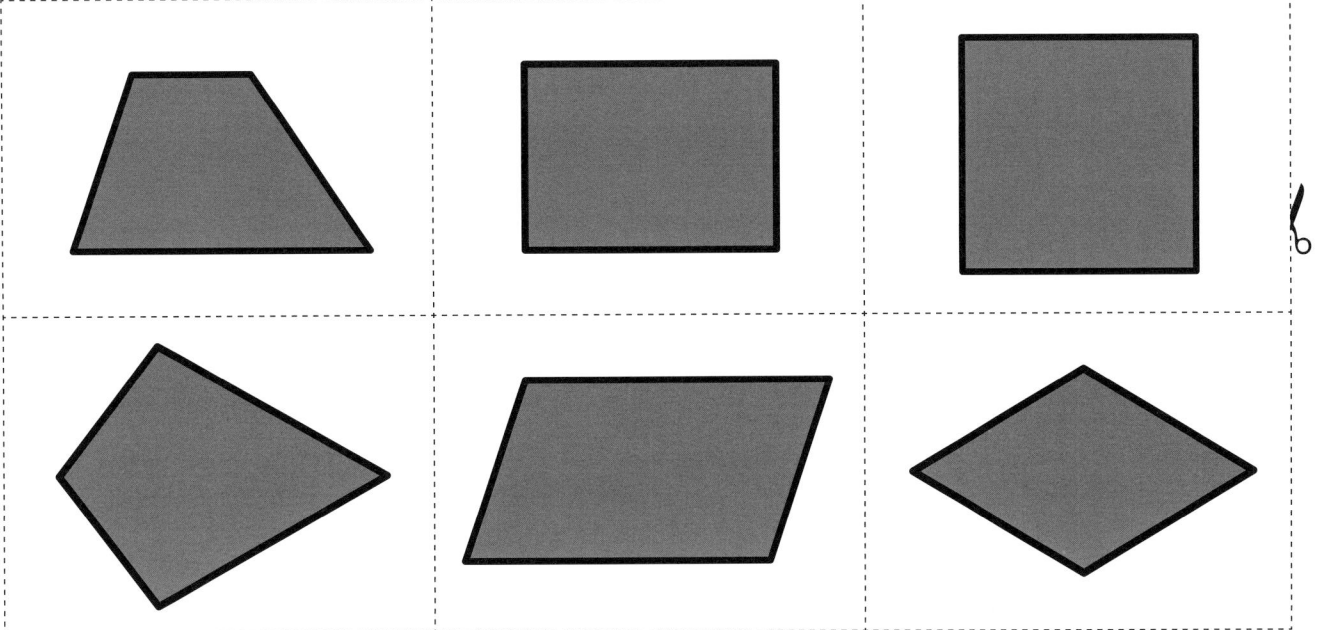

Eigenschaften-Karten

Seiten (grün)	*Diagonale (gelb)*	*Winkel (rot)*	*Symmetrie (blau)*
alle Seiten sind gleich lang	Diagonalen sind ⊥ zueinander	4 rechte Winkel (∢)	keine Symmetrieachsen
je 2 Seiten sind gleich lang	alle Diagonalen sind gleich lang	2 gegenüberliegende Winkel sind gleich groß	2 Symmetrieachsen
gegenüberliegende Seiten sind ‖	nur eine Diagonale halbiert die andere	Schenkelwinkel = 180°	1 Symmetrieachse
nur 2 gegenüberliegende Seiten sind ‖	Diagonalen halbieren sich	gegenüberliegende Winkel sind gleich groß	4 Symmetrieachsen
benachbarte Seiten sind ⊥			
gegenüberliegende Seiten sind gleich lang			

© Verlag an der Ruhr | Autorinnen: K. Barth, S. Müller | ISBN 978-3-8346-2400-0 | www.verlagruhr.de

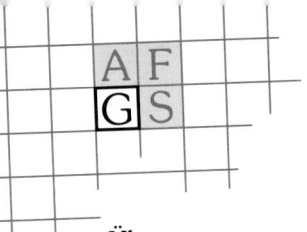

Figureneigenschaften –
Schoß-Stapeln

Inhaltsbezogene Kompetenz:
Charakterisieren von Figuren (Rechteck, Quadrat,
Parallelogramm, Raute, Trapez, Drachenviereck)
und Verwenden der Grundbegriffe Abstand, parallel,
senkrecht, symmetrisch zur Beschreibung ebener
Figuren

Prozessbezogene Kompetenz:
AK02, AK06, M03

Sozialform: GA (2 Gruppen)

Zeit: 10 min

Material:
Figuren- und Eigenschaften-Karten
(KV zu „Figureneigenschaften verstehen", S. 97)

VORBEREITUNG

Die Klasse wird in zwei Gruppen geteilt und jede Gruppe bildet einen
Stuhlkreis. Jeder Schüler erhält eine eigene Figuren-Karte, z. B. Quader.
Die sechs Figuren werden also mehrfach vergeben. Die Eigenschaften-
Karten werden 4-mal kopiert, sodass jede Gruppe zwei komplette
Sets von je 18 Karten erhält. Diese werden gemischt und einem Schüler
der Gruppe oder der Lehrperson gegeben.

VERLAUF

- In jeder Gruppe wird die erste Eigenschaften-Karte aufgedeckt
  und vorgelesen.
- Trifft diese Eigenschaft auf die eigene Figur zu, rückt der Schüler
  im Uhrzeigersinn einen Sitzplatz weiter. Dabei kann es passieren,
  dass dort schon ein anderer Mitschüler sitzt. In diesem Fall setzt
  er sich vorsichtig auf dessen Schoß.
- Ein nächstsitzender Schüler kontrolliert dies. Ist ein Schüler
  unberechtigt weitergerückt, muss er wieder einen Stuhl zurück.
- Es wird eine weitere Eigenschaften-Karte aufgedeckt und vorgelesen.
- Trifft diese Eigenschaft auf die eigene Figur zu, rückt der Schüler
  erneut einen Sitzplatz im Uhrzeigersinn weiter. Allerdings rückt ein
  Schüler nicht weiter, wenn auf seinem Schoß ein anderer Schüler
  sitzt.
- Wer als Erstes seinen eigenen Sitzplatz wieder erreicht, gewinnt
  innerhalb seiner Gruppe.

DIFFERENZIERUNG

- Die Figuren-Karten haben unterschiedliche Schwierigkeitsgrade,
  sodass schon dadurch differenziert werden kann, welcher Schüler
  welche Figuren-Karte bekommt.
- Es können auch weitere Figuren-Karten erstellt werden, z. B. Kreis
  und Dreieck. Dazu passend müssen auch weitere Eigenschaften-
  Karten geschrieben werden (dies können auch die Schüler selbst
  übernehmen).

Körpereigenschaften – *Geheimes Fühlen*

Inhaltsbezogene Kompetenz:
Benennen und Charakterisieren von Grundkörpern (Quader, Würfel, Kugel, Zylinder, Kegel, Pyramide, Prisma)

Prozessbezogene Kompetenz:
AK04, AK05, AK06, AK07

Sozialform: KU

Zeit: 10 min

Material:
7 kleine Holz- (oder Plastik-)Körper, 1 Säckchen, verschiedene Verpackungen

VORBEREITUNG

Die kleinen Holzkörper (Quader, Würfel, Kugel, Zylinder, Kegel, Pyramide, Prisma) befinden sich im Säckchen, die Schüler sollten diese vorher nicht gesehen haben.
Jeder Schüler erhält als Hausaufgabe den Auftrag, eine beliebige, außergewöhnliche Verpackung mitzubringen (z. B. Toblerone, Müsli-Packung, Zuckerhut …). Diese werden für alle gut sichtbar auf einem Tisch ausgelegt.

VERLAUF

- Ein Schüler greift in das Säckchen und beschreibt, was er fühlt, ohne den Körper aus dem Säckchen herauszunehmen (z. B. Quader: „Dieser Körper hat sechs Flächen.", „Hier sind viele Kanten.", „Ich spüre Ecken.").
- Die anderen Schüler suchen aus den mitgebrachten Verpackungen alle heraus, die dieser Beschreibung entsprechen, und legen sie zusammen (z. B. Quader: Müsli-Packung).
- Der Schüler nimmt den beschriebenen Körper aus dem Säckchen. Stimmen die Verpackungen mit ihm überein, darf der Schüler ihn neben die Verpackung legen.
- Ein anderer Schüler beschreibt den nächsten Körper.
- Sind alle Körper zugeordnet, nennt die Lehrperson die Fachbegriffe der Körper mit den entsprechenden Eigenschaften. Dabei dienen die Verpackungen als Anschauungsmaterial.

DIFFERENZIERUNG

- Es können auch alternative Körper, wie z. B. das Dodekaeder, oder zusammengesetzte Körper hinzugenommen werden.
- Zusätzlich können auch Figuren (aus fester Pappe) in das Säckchen gelegt werden. So wiederholen die Schüler gleichzeitig die Figureneigenschaften.

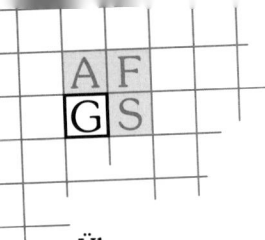

Körpereigenschaften –
Körper-Bingo

Üben

Inhaltsbezogene Kompetenz:
Benennen und Charakterisieren von Grundkörpern
(Quader, Würfel, Kugel, Zylinder, Kegel, Pyramide,
Prisma)

Prozessbezogene Kompetenz:
P02, P05, M03

Sozialform: GA (4 Gruppen)

Zeit: 10 min

Material:
1 Bingo-Karte pro S (ggf. BKV, S. 166), Körper-
und Eigenschaften-Karten (KV), 10 Plättchen/
Jetons pro S

VORBEREITUNG
Für jeden Schüler wird eine Bingo-Karte mit 5 x 5 Feldern erstellt.
Dies kann mithilfe der BKV geschehen oder es wird einfach ein 5 x 5-Feld
auf einen DIN-A4-Zettel gezeichnet und im Klassensatz kopiert. Wichtig
ist, dass die Felder mindestens so groß sind wie die Körper-Karten,
die später darauf gelegt werden müssen. Außerdem werden die Körper-Karten so vervielfältigt und ausgeschnitten, dass jeder Schüler
25 Körper-Karten erhält, wobei jeder der acht Körper mindestens
2-mal vorkommen sollte.
Die Schüler verteilen die Körper-Karten in beliebiger Reihenfolge auf
die einzelnen Felder ihrer Bingo-Karte. (Alternative: Die Lehrperson
erstellt für jeden Schüler eine fertige Bingo-Karte, in die bereits Körper
eingetragen sind.)
Die Klasse teilt sich in vier Gruppen, die sich je um einen Gruppentisch
setzen. Jeder Schüler erhält 10 Plättchen und pro Gruppe werden die
24 verschiedenen Eigenschaften-Karten gemischt und verdeckt in die
Tischmitte gelegt.

VERLAUF
- In jeder Gruppe deckt ein Schüler eine Eigenschaften-Karte auf
  und liest sie vor.
- Jeder Schüler (auch der, der die Karte gezogen hat) überlegt, ob
  diese Eigenschaft auf einen Körper seiner Bingo-Karte zutrifft, und
  legt ein Plättchen auf eines der entsprechenden Felder. Auch wenn
  die Eigenschaft auf mehrere Körper-Karten zutrifft, darf ein Schüler
  pro Runde nur ein Plättchen legen. Jeder Schüler kontrolliert das
  gelegte Plättchen seines linken Nachbarn.
- Der nächste Schüler im Uhrzeigersinn zieht eine Karte und liest die
  Eigenschaft vor.
- So geht es weiter, bis der erste Schüler waagerecht, senkrecht oder
  diagonal fünf nebeneinanderliegende Felder mit einem Plättchen
  belegt hat. Er ruft „Bingo!" und gewinnt.

DIFFERENZIERUNG
- Es können auch alternative Körper, wie z. B. das Dodekaeder, oder
  zusammengesetzte Körper hinzugenommen werden.
- Die Lehrperson kann weitere, im Schwierigkeitsgrad differenzierte
  Eigenschaften-Karten erstellen.
- Die Schüler können eigene Eigenschaften-Karten erfinden.

Körper-Karten

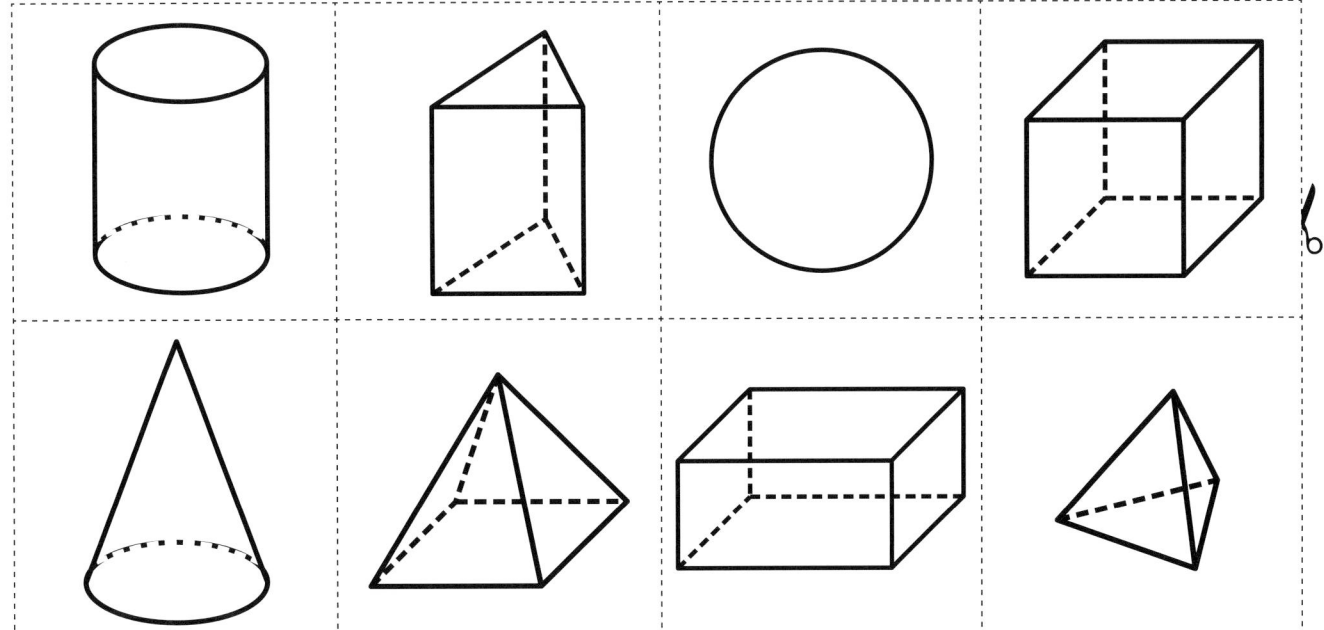

Eigenschaften-Karten

Mein Körper hat 3 Flächen.	Mein Körper hat 5 Flächen.	Mein Körper hat 1 Fläche.	Mein Körper hat 12 gleich lange Kanten.
Mein Körper hat 2 Kanten.	Mein Körper hat 6 Ecken.	Mein Körper hat keine Kanten.	Mein Körper hat 6 gleich große Flächen.
Mein Körper hat keine Ecken.	Mein Körper hat 9 Kanten.	Mein Körper hat keine Ecken.	Mein Körper hat 8 Ecken.
Mein Körper hat 1 Ecke.	Mein Körper hat 8 Kanten.	Mein Körper hat 8 Ecken.	Mein Körper hat 4 Ecken.
Mein Körper hat 1 Kante.	Mein Körper hat 5 Flächen.	Mein Körper hat 12 Kanten.	Mein Körper hat 4 Flächen.
Mein Körper hat 2 Flächen.	Mein Körper hat 5 Ecken.	Mein Körper hat 6 Flächen.	Mein Körper hat 6 Kanten.

© Verlag an der Ruhr | Autorinnen: K. Barth, S. Müller | ISBN 978-3-8346-2400-0 | www.verlagruhr.de

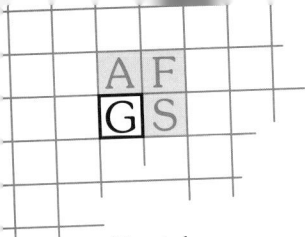

Flächeninhalt und Umfang von Rechtecken –
Husch, husch zum Rechteck!

Inhaltsbezogene Kompetenz:
Messen und Bestimmen des Umfangs und
des Flächeninhalts von Rechtecken

Prozessbezogene Kompetenz:
AK03, P02, M01

Sozialform: GA (3er- oder 4er-Gruppen)

Zeit: 10 min

Material:
40 quadratische Plättchen pro Gr (1 x 1 cm,
z. B. Lego-Steine oder Scrabble-Plättchen),
1 Maßband pro Gr

VORBEREITUNG

Voraussetzung für diese Einheit ist die Kenntnis der Begriffe „Flächen-
inhalt" und „Umfang".
Die Klasse bildet Gruppen mit jeweils drei oder vier Schülern.
Jede Gruppe erhält 40 quadratische Plättchen und ein Maßband.

VERLAUF

Flächeninhalt:
- Ein Gruppenmitglied zeichnet eine beliebige Fläche (z. B. einen See)
  und alle Schüler der Gruppe legen diese mit den quadratischen
  Plättchen aus.
- Über die Anzahl der quadratischen Plättchen wird näherungsweise
  der Inhalt der gezeichneten Fläche ermittelt.
- Ein anderes Gruppenmitglied zeichnet anschließend ein beliebiges
  Rechteck, das wiederum von allen Schülern der Gruppe mit den
  Plättchen ausgelegt wird. Wieder wird durch Auszählen der Plättchen
  der Flächeninhalt bestimmt.
- Die Schüler stellen anschließend eine Vermutung auf, wie sich der
  Flächeninhalt eines Rechtecks rechnerisch ermitteln lässt.
- Die Gruppe vergleicht ihre Vermutung zunächst mit einer anderen
  Gruppe, dann mit allen gemeinsam.

Umfang:
- Jede Gruppe sucht sich im Klassenraum verschiedene Rechtecke
  (z. B. Tafel, Bodenfliese, Fensterbank, Klassenbuch etc.) und misst
  mithilfe des Maßbandes deren Umfang. Dabei gilt der Auftrag,
  so wenig wie möglich zu messen.
- Anschließend stellen die Schüler eine Vermutung auf, wie sich der
  Umfang eines Rechtecks rechnerisch ermitteln lässt.
- Die Gruppe vergleicht ihre Vermutung zunächst mit einer anderen
  Gruppe, dann mit allen gemeinsam.

DIFFERENZIERUNG

Starke Schüler/Gruppen können selbstständig eine Formel für den
Flächeninhalt und den Umfang eines Rechtecks aufstellen.

Flächeninhalt und Umfang von Rechtecken – *Rechteckiges Domino*

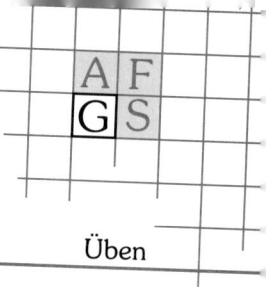

Inhaltsbezogene Kompetenz:
Bestimmen des Umfangs und des Flächeninhaltes
von Rechtecken

Prozessbezogene Kompetenz:
AK04, AK07, P04

Sozialform: GA (3er- oder 4er-Gruppen)

Zeit: 10 min

Material: Domino-Vorlage (KV)

VORBEREITUNG

Die Klasse bildet Gruppen mit jeweils drei oder vier Schülern.
Die Domino-Vorlage wird für jede Gruppe kopiert und entlang der
gestrichelten Linien zerschnitten, sodass jede Gruppe 24 Domino-
Steine erhält.

> **Hinweis:** *Diese Einheit kann auch als Übung zur Einheit „Volumen
> und Oberfläche von Quadern verstehen" (S. 105) genutzt werden.
> Daher befinden sich auf den Domino-Karten auch Angaben zur
> dritten Seite c und dem Volumen V. Um mit den Schülern den
> Flächeninhalt und Umfang von Rechtecken zu üben, sollten die fett
> gesetzten Zeilen auf den Karten entweder vor dem Vervielfältigen
> mit Tipp-Ex gelöscht werden oder die Schüler erhalten den Hinweis,
> diese Zeilen zu ignorieren.*

VERLAUF

- Innerhalb der Gruppen teilen die Schüler alle Domino-Steine
  gleichmäßig untereinander auf.
- Der Schüler, der z. B. als letzter durch die Klassentür gekommen ist,
  legt einen beliebigen Domino-Stein in die Mitte.
- Es wird reihum im Uhrzeigersinn je ein Domino-Stein angelegt.
  Dabei müssen die beiden sich berührenden Seiten der Domino-
  Steine zueinander passen:

$A = 15\ cm^2$ **$O = 94\ cm^2$**	$a = 6\ cm$ $b = 2\ cm$ **$c = 3\ cm$**	$A = 12\ cm^2$ **$V = 36\ cm^3$**	$U = 16\ dm$ **$O = 72\ dm^2$**

- Kann kein Domino-Stein gelegt werden, ist der nächste Schüler
  an der Reihe.
- Der erste Schüler ohne Domino-Steine gewinnt.

DIFFERENZIERUNG

Die Schüler können ihr Domino mit neuen passenden Steinen erweitern
bzw. ein eigenes Domino entwerfen.

Flächeninhalt und Umfang von Rechtecken –
Domino-Vorlage

A = 15 cm² **O = 94 cm²**	a = 6 cm b = 2 cm **c = 3 cm**	A = 12 cm² **V = 36 cm³**	U = 16 dm **O = 72 dm²**	a = 6 dm b = 2 dm **c = 3 dm**	a = 8 m **c = 3 m**
U = 26 m b = 5 m **V = 120 m³**	A = 40 cm² **O= 132 cm²**	a = 8 cm b = 5 cm **c = 2 cm**	U = 14 m **c = 9 m**	a = 6 m b = 1 m **V = 54 m³**	b = 1 m **V = 72 m³**
A = 6 m² a = 6 m **b = 12 m**	A = 6 mm U = 10 mm **O= 92 mm²**	a = 3 mm b = 2 mm **c = 8 mm**	a = 10 cm **V = 420 cm³**	U = 32 cm b = 6 cm **c = 7 cm**	U = 36 m **c = 2 m**
a = 8 m b = 10 m **O = 232 m²**	a = 8 dm b = 5 dm **c = 2 dm**	U = 26 dm **O = 132 dm²**	a = 6 cm b = 7 cm **c = 3 cm**	A = 42 cm² **O= 162 cm²**	b = 3 m c = 6 m **V = 144 m³**
A = 24 m² **a = 8 m**	a = 2 mm b = 9 mm **c = 6 mm**	A = 18 mm² **O = 168 mm²**	a = 3 m b = 3 m **c = 15 m**	A = 9 m U = 12 m **O = 198 m²**	U = 34 dm **V = 144 dm³**
a = 8 dm b = 9 dm **c = 2 dm**	A = 3 cm U = 8 cm **c = 9 cm**	a = 3 cm b = 1 cm **O = 75 cm²**	a = 5 m b = 5 m **V = 125 m³**	U = 20 m **c = 5 m**	A = 45 cm² **a = 9 cm**
b = 5 cm c = 2 cm **V = 90 cm³**	a = 5 m b = 5 m **c = 5 m**	A = 25 m² **O = 150 m**	U = 26 cm **V = 84 cm³**	a = 7 cm b = 6 cm **c = 2 cm**	U = 28 dm **b = 7 dm**
a = 7 dm c = 2 cm **V = 98 cm³**	a = 5 dm b = 2 dm **c = 8 dm**	A = 10 dm U = 14 dm **V = 80 dm³**	a = 4 dm b = 6 dm **c = 2 dm**	A = 24 dm² **O = 88 dm²**	a = 5 cm b = 3 cm **c = 4 cm**

© Verlag an der Ruhr | Autorinnen: K. Barth, S. Müller | ISBN 978-3-8346-2400-0 | www.verlagruhr.de

Volumen und Oberfläche von Quadern – *Würfel-Würfel-Würfel*

Inhaltsbezogene Kompetenz: Messen und Bestimmen von Volumen und Oberfläche eines Quaders	**Sozialform:** GA (5 Gruppen)
	Zeit: 30 min
Prozessbezogene Kompetenz: AK03, P02, P06	**Material:** 40 Würfel (1 x 1 x 1 cm) pro Gr

VORBEREITUNG

Voraussetzung für diese Einheit ist die Kenntnis der Begriffe „Volumen" und „Oberfläche".

Es werden fünf Schülergruppen gebildet und fünf Gruppentische aufgestellt, an denen jeweils 40 Würfel liegen (z. B. Holz- oder Steckwürfel).

VERLAUF

Phase 1:

- Jede Gruppe baut aus den Würfeln ein beliebiges Würfelgebilde. Dabei müssen nicht alle Würfel benutzt werden, übrige Würfel werden zurückgegeben.
- Die Schüler zählen aus, aus wie vielen Würfeln ihr Gebilde besteht, und notieren sich die Zahl.
- Die Gruppen wechseln anschließend im Uhrzeigersinn den Gruppentisch und bestimmen die Anzahl der Würfel des dortigen Gebildes. Dies geschieht so oft, bis jede Gruppe jedes Gebilde ausgezählt hat.
- Wieder am eigenen Gruppentisch angekommen, bestimmt jede Gruppe das größte Gebilde und begründet dies. Gemeinsam werden die Ergebnisse verglichen.

Phase 2:

- Die Schüler haben nun die Aufgabe, aus den Würfeln einen Quader zu bauen, wobei wiederum nicht alle Würfel benutzt werden müssen. Sie berechnen das Volumen ihres Quaders durch Abzählen und versuchen, dafür einen mathematischen Weg zu finden. Auf gleiche Weise bestimmen die Schüler auch die Oberfläche ihres Quaders.
- Die Ergebnisse werden am Ende gemeinsam verglichen und die Formeln zur Oberflächen- und Volumenberechnung werden schriftlich fixiert.

DIFFERENZIERUNG

Starke Gruppen können selbst eine Formel für die Volumen- und Oberflächenberechnung aufstellen.

> **Hinweis:** *Als Übungseinheit bietet sich die Einheit „Flächeninhalt und Umfang von Rechtecken üben" (S. 103) an. Die dort auf den Domino-Steinen fett gesetzten Angaben werden mit einbezogen.*

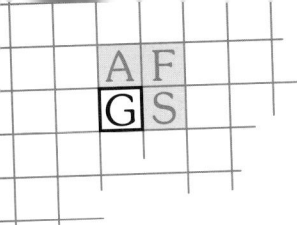

Flächeninhalt eines Dreiecks –
Auf dem Weg zum Clown

Inhaltsbezogene Kompetenz:
Bestimmen von Flächeninhalten von Dreiecken,
Charakterisieren von Figuren (Rechteck, Quadrat,
Dreiecke)

Prozessbezogene Kompetenz:
AK02, AK07, P01, P03

Sozialform: EA

Zeit: 45 min

Material:
farbiges DIN-A4-Papier (je 3-mal hellgelb, gelb,
rot, lila, hellblau, blau, hellgrün, grün), Dreiecks-
vorlagen (KV 1), Laufzettel (KV 2)

VORBEREITUNG	Die Dreiecke auf KV 1 sind verschiedenen Farben zugeordnet. Die Vorlagen werden je nach Bereich 3-mal auf das entsprechend farbige Papier kopiert und dabei vergrößert. Die nun farbigen Dreiecke werden ausgeschnitten und gemischt im Raum verteilt. Jeder Schüler bekommt einen Laufzettel.
VERLAUF	■ Jeder Schüler bearbeitet die Aufgaben auf seinem Laufzettel. ■ Es wird in acht Schritten die Formel zur Berechnung des Flächeninhalts eines Dreiecks hergeleitet: Zunächst wird der Flächeninhalt ausgezählt, dann mithilfe eines Rechteckes berechnet und zum Schluss mithilfe der Höhe bestimmt (die Definition der Höhe wird im Arbeitsschritt mit den hellblauen Dreiecken vermittelt). ■ Am Ende werden die Ergebnisse der Schüler zusammengetragen und gemeinsam besprochen.
DIFFERENZIERUNG	■ Hat ein Schüler einen Arbeitsschritt beendet, wird er zum Experten für diesen Schritt, bei dem sich andere Schüler Hilfe suchen können. ■ Die Einheit eignet sich auch für zerlegte Figuren (besonders Parallelogramm und Trapez).

Flächeninhalt eines Dreiecks – *Dreiecksvorlagen* KV 1

AF
GS

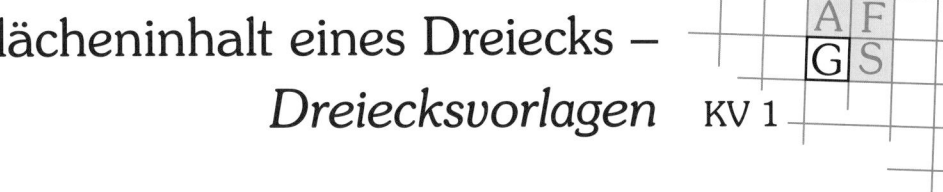

Hellgelb

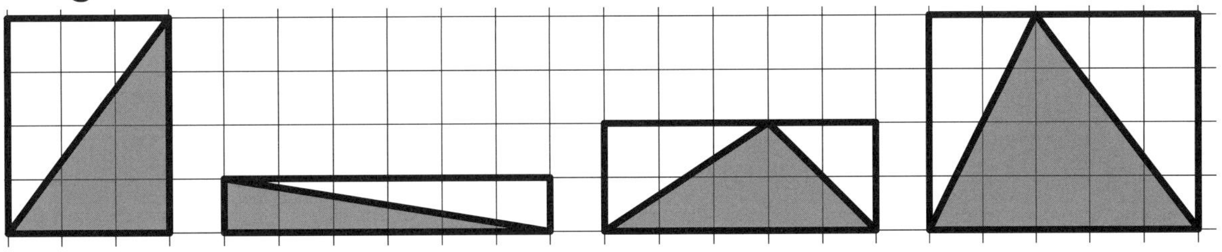

Gelb

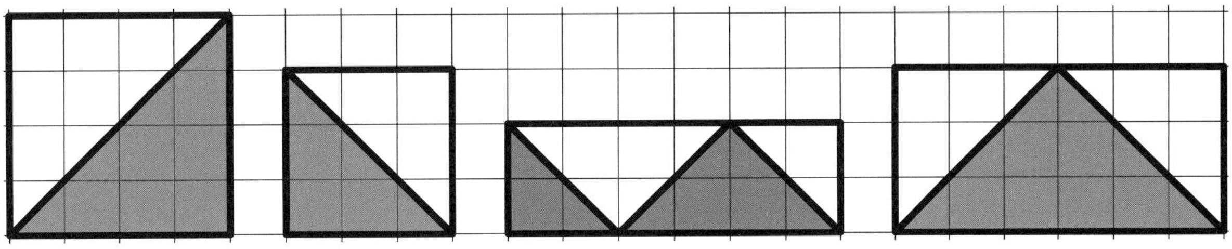

Rot

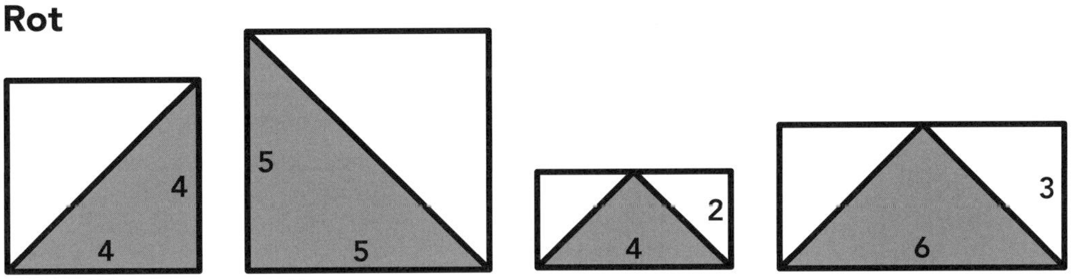

Lila

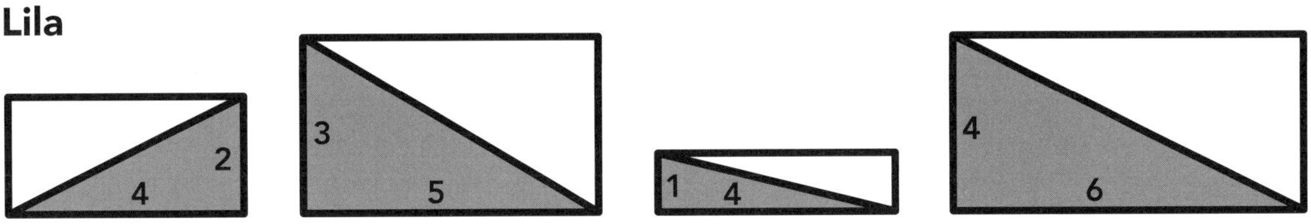

Hellblau

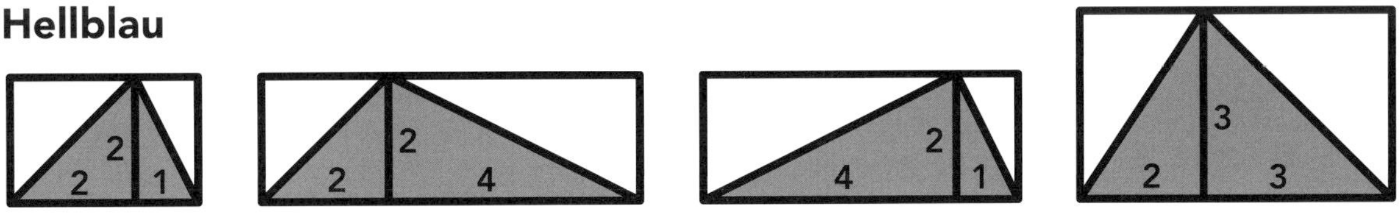

Blau

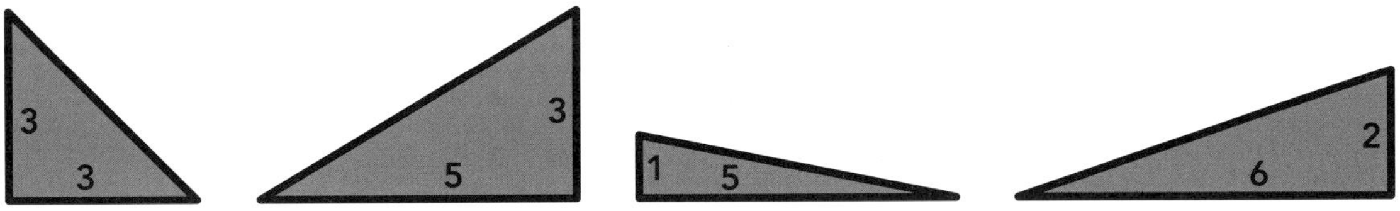

Hellgrün

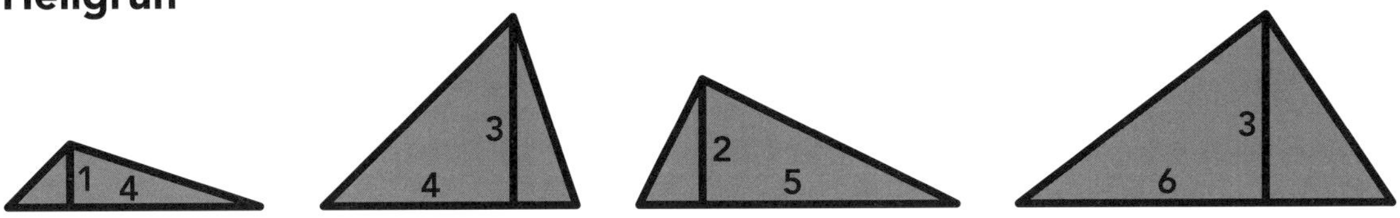

Flächeninhalt eines Dreiecks –
KV 2 *Laufzettel*

Auf dem Weg zum Clown

Du willst ein bunter Clown werden. Dafür erspielst du dir alle Farben. Dazu musst du in der Klasse umhergehen und die ausliegenden Figuren mit einbeziehen. Male nach jeder erledigten Aufgabe einen Teil des Clowns in der angegebenen Farbe an.

Tipp: *Den Flächeninhalt kannst du in Kästchen oder cm² angeben.*

Hellgelb:

1. Finde bei zwei hellgelben Figuren heraus, wie groß die ausgefüllte Fläche ist.
2. Beschreibe, wie du dabei vorgegangen bist.

Gelb:

1. Finde bei zwei gelben Figuren heraus, wie groß die ausgefüllte Fläche ist.
2. Beschreibe einen Unterschied zu den hellgelben Figuren.

Rot:

1. Finde bei zwei roten Figuren heraus, wie groß die ausgefüllte Fläche ist.
2. Beschreibe, wie du diesmal vorgegangen bist.

Lila:

1. Finde bei zwei lilafarbenen Figuren heraus, wie groß die ausgefüllte Fläche hier ist.
2. Beschreibe einen Unterschied zu den roten Figuren.

Hellblau:

1. Finde bei zwei hellblauen Figuren heraus, wie groß die ausgefüllte Fläche ist.
2. Beschreibe auch hier, wie du vorgegangen bist.

> **Merke:** *Den kürzesten Abstand eines Eckpunktes zur gegenüberliegenden Seite nennt man eine <u>Höhe</u>. Sie steht immer senkrecht zur dem Eckpunkt gegenüberliegenden Seite.*

Blau:

1. Bestimme bei zwei blauen Dreiecken den Flächeninhalt.
2. Beschreibe, wie du vorgegangen bist.

Hellgrün:

1. Bestimme bei zwei hellgrünen Dreiecken den Flächeninhalt.
2. Beschreibe einen Unterschied zu den blauen Dreiecken.

Grün:

1. Finde eine allgemeingültige Formel zur Berechnung des Flächeninhalts eines Dreiecks.
2. Beschreibe, welche Besonderheiten auftreten können.

© Verlag an der Ruhr | Autorinnen: K. Barth, S. Müller | ISBN 978-3-8346-2400-0 | www.verlagruhr.de

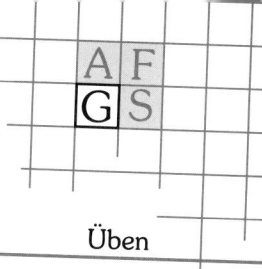

Flächeninhalt eines Dreiecks –
Dreieckshow

Inhaltsbezogene Kompetenz:
Bestimmen von Flächeninhalten von Dreiecken

Prozessbezogene Kompetenz:
AK04, AK05, P04, W01

Sozialform: EA in GA (4 Gruppen)

Zeit: 45 min

Material:
Folie „Dreieckshow" und Aufgabenstreifen (KV),
OHP, selbst erstellte Dreiecke

VORBEREITUNG

Die Folie „Dreieckshow" mit den fünf Kategorien („Zwei Größen gegeben", „Rechtwinklige Dreiecke", „Höhe innerhalb", „Höhen außerhalb", „Messen") und dem dazugehörigen Punkteraster wird für alle gut sichtbar an die Wand projiziert. Die 20 Aufgabenstreifen (zu jeder Kategorie vier) werden 4-mal kopiert und entlang der gestrichelten Linie ausgeschnitten. Für die Kategorie „Messen" müssen vorab 12 Dreiecke in Originalgröße in 4-facher Ausführung selbst hergestellt und die entsprechenden Lösungen notiert werden (vgl. Skizzen unten; auf den einzelnen Dreiecken muss jeweils die Punktzahl und die Aufgabennummer 1–4 notiert werden).
Die Schüler bilden vier Teams, setzten sich an Tischen zusammen und finden einen Teamnamen. Diese Namen werden für die Punkteübersicht an die Tafel geschrieben. Die Lehrperson ist der Showmaster, der die Aufgabenstreifen bereithält.

Dreiecke für die Kategorie „Messen":

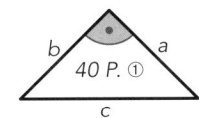 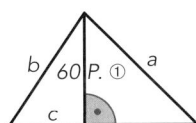 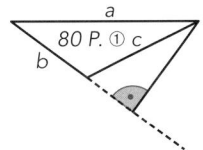 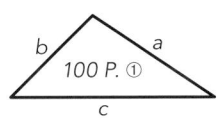

VERLAUF

- Ein Startteam wird ausgelost (z. B. denkt sich der Showmaster eine Zahl zwischen 40 und 100 aus und lässt die Gruppen schätzen. Das Team, das am nächsten ist, beginnt).
- Das Startteam bestimmt die Kategorie und die Punktzahl, um die es spielen will (z. B. „Rechtwinklige Dreiecke für 60 Punkte").
- Der Showmaster gibt jedem Team entsprechend der genannten Kategorie und Punktzahl denselben Aufgabenstreifen (und bei der Kategorie „Messen" dieselben vier Dreiecke). Jedes Team muss alle vier Aufgaben lösen, kann aber frei entscheiden, welche Schüler welche Aufgabe übernehmen.
- Sind alle Teammitglieder fertig, zeigt dieses Team auf, alle anderen rechnen weiter. Der Showmaster merkt sich die Reihenfolge der Teams.

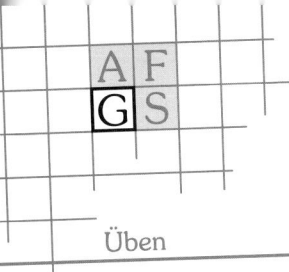
- Das erste Team darf alle vier Lösungen nennen. Ist eine falsch, darf erst das zweite Team lösen (vorher kurz beraten), ansonsten das dritte bzw. vierte.
- Das schnellste Team mit richtigen Lösungen zu allen vier Aufgaben muss den Rechenweg erläutern (der Showmaster bestimmt dazu ein Teammitglied) und bekommt die Punkte (z. B. 60), um die gespielt wurde. Der Showmaster notiert diese an der Tafel und streicht das Feld auf der Folie durch, es kann nicht mehr gewählt werden.
- Das Gewinnerteam wird für die neue Runde zum Startteam. Die Gesamtanzahl der Runden ist abhängig von der Arbeitsgeschwindigkeit der Schüler (spätestens, wenn alle Folienfelder durchgestrichen sind, ist die „Dreieckshow" allerdings vorbei).
- Joker: Das Team, das dieses Feld gewählt hat, erhält die Punkte sofort ohne Lösen einer Aufgabe.
- Risiko: Das Team setzt bereits gewonnene Punkte (alle oder einen Anteil) ein. Nur dieses Team darf lösen. Ist die Lösung richtig, bekommt es die gesetzten Punkte hinzu, bei falscher Lösung werden die gesetzten Punkte abgezogen.
- Das Team mit den meisten Punkten gewinnt.

DIFFERENZIERUNG

- Die Streifen können dahingehend verändert werden, dass sich pro Kategorie und Punktzahl nur eine Aufgabe darauf befindet, sodass alle Schüler dieselbe Aufgabe berechnen.
- Die Kategorien können verändert werden (z. B. Höhen außerhalb, Anwendungen).

Flächeninhalt eines Dreiecks –
Folie und Aufgabenstreifen (1/2)

Folie „Dreieckshow"

zwei Größen gegeben	rechtwinklige Dreiecke	Höhe innerhalb	Höhe außerhalb	Messen
40	40	40	40	40
60	60	60	60	60
80	80	80	80	80
100	100	100	100	100

Aufgabenstreifen

Zwei Größen gegeben	40	g = 8 cm h = 6 cm	g = 7 cm h = 6 cm	g = 7 cm h = 4 cm	g = 5 cm h = 6 cm
	60	A = 200 dm² g = 20 dm	A = 300 dm² g = 10 dm	A = 360 dm² g = 20 dm	A = 240 dm² g = 30 dm
	80	A = 105 m² h = 15 m	A = 96 m² h = 12 m	A = 132 m² h = 11 m	A = 65 m² h = 13 m
	100	g = 72 cm A = 54 dm²	g = 40 cm A = 11 dm²	g = 60 cm A = 60 dm²	g = 5 cm A = 5 dm²
Lösung	40	A = 24 cm²	A = 21 cm²	A = 14 cm²	A = 15 cm²
	60	h = 20 dm	h = 60 dm	h = 36 dm	h = 16 dm
	80	g = 14 m	g = 16 m	g = 24 m	g = 10 m
	100	h = 15 dm	h = 55 cm	h = 20 dm	h = 20 dm

Rechtwinklige Dreiecke	40	a = 8 dm b = 15 dm	a = 7 dm b = 16 dm	a = 6 dm b = 17 dm	a = 5 dm b = 18 dm
	60	A = 12 dm² a = 3 dm	A = 30 dm² a = 12 dm	A = 300 dm² a = 60 dm	A = 60 dm² a = 8 dm
	80	A = 45 m² b = 15 m	A = 39 m² b = 13 m	A = 44 m² b = 11 m	A = 136 m² b = 16 m
	100	a = 15 cm A = 75 dm²	b = 220 cm A = 110 dm²		
Lösung	40	A = 60 dm²	A = 56 dm²	A = 51 dm²	A = 45 dm²
	60	h = 8 dm	h = 5 dm	h = 10 dm	h = 15 dm
	80	g = 6 m	b = 6 m	b = 8 m	b = 17 m
	100	b = 1 m	a = 10 dm	A = 10 [FE]	A = 6 [FE]

© Verlag an der Ruhr | Autorinnen: K. Barth, S. Müller | ISBN 978-3-8346-2400-0 | www.verlagruhr.de

Mathe *aktiv* und *anschaulich* vermitteln | 111

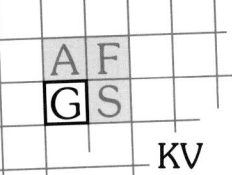

Flächeninhalt eines Dreiecks –
KV *Folie und Aufgabenstreifen (2/2)*

Höhe innerhalb				
40	g = 9 m h = 4 m	g = 4 m h = 4 m	g = 6 m h = 4 m	g = 9 m h = 6 m
60	g = 25 cm h = 6 cm	g = 20 cm h = 8 cm	g = 16 cm h = 16 cm	g = 11 cm h = 18 cm
80	Dreieck 17 / 20	Dreieck 13 / 8	Dreieck 18 / 18	Dreieck 21 / 12
100	g = 15 m h = 3 dm	g = 4 cm h = 25 m	g = 24 mm h = 6 cm	g = 12 cm h = 15 dm

Lösung				
40	A = 18 m²	A = 8 m²	A = 12 m²	A = 27 m²
60	A = 75 cm²	A = 80 cm²	A = 128 cm²	A = 99 cm²
80	A = 170 [FE]	A = 52 [FE]	A = 162 [FE]	A = 126 [FE]
100	A = 225 dm²	A = 50 dm²	A = 720 mm²	A = 9 dm²

Höhe außerhalb				
40	g = 3 cm h = 2 cm	g = 8 cm h = 4 cm	g = 6 cm h = 3 cm	g = 8 cm h = 5 cm
60	**JOKER**	**JOKER**	**JOKER**	**JOKER**
80	Dreieck 5 / 4	Dreieck 6 / 6	Dreieck 15 / 10	Dreieck 7 / 12
100	Dreieck 33 / 24 / 22	Dreieck 23 / 32	Dreieck 38 / 55 / 38	Dreieck 18 / 20 / 17

Lösung				
40	A = 3 cm²	A = 16 cm²	A = 9 cm²	A = 20 cm²
60	/	/	/	/
80	A = 10 [FE]	A = 18 [FE]	A = 75 [FE]	A = 42 [FE]
100	A = 363 [FE]	A = 368 [FE]	A = 722 [FE]	A = 153 [FE]

Messen				
40	a und b messen, dann A berechnen	a und b messen, dann A berechnen	a und b messen, dann A berechnen	a und b messen, dann A berechnen
60	h und g messen, dann A berechnen	h und g messen, dann A berechnen	h und g messen, dann A berechnen	h und g messen, dann A berechnen
80	**RISIKO** h außerhalb entdecken, dann A berechnen	**RISIKO** h außerhalb entdecken, dann A berechnen	**RISIKO** h außerhalb entdecken, dann A berechnen	**RISIKO** h außerhalb entdecken, dann A berechnen
100	h einzeichnen, messen, dann A berechnen	h einzeichnen, messen, dann A berechnen	h einzeichnen, messen, dann A berechnen	h einzeichnen, messen, dann A berechnen

Lösung				
40	A = [FE]	A = [FE]	A = [FE]	A = [FE]
60	A = [FE]	A = [FE]	A = [FE]	A = [FE]
80	A = [FE]	A = [FE]	A = [FE]	A = [FE]
100	A = [FE]	A = [FE]	A = [FE]	A = [FE]

© Verlag an der Ruhr | Autorinnen: K. Barth, S. Müller | ISBN 978-3-8346-2400-0 | www.verlagruhr.de

Winkel zeichnen/messen – *Winkelwelt*

Inhaltsbezogene Kompetenz:
Zeichnen grundlegender, ebener Figuren (Winkel),
Schätzen und Bestimmen von Winkeln

Prozessbezogene Kompetenz:
AK01, AK03, AK07, P05

Sozialform: EA oder PA in GA (4 Gruppen)

Zeit: 45 min

Material:
Anleitungen und Winkelarten-Karten (KV 1),
12 DIN-A4-Blätter farbiges Tonpapier (3 Farben
je 4-mal), 4 Säckchen, 4 x 73 Gradzahl-Karten
(BKV, S. 166), Domino-Sets (KV 2), 24 Briefumschläge,
1 Geodreieck pro S

VORBEREITUNG

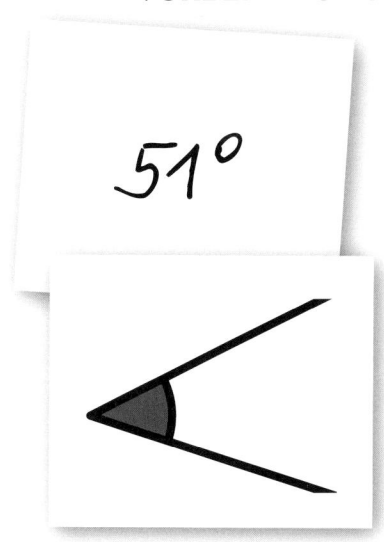

Die Anleitungen „Zeichnen 1", „Zeichnen 2" und „Messen" werden
auf drei unterschiedliche Farben kopiert, das Ganze 4-mal, und zeilenweise entlang der gestrichelten Linien in 24 Satzstücke zerschnitten.
Die Klasse bildet vier Gruppen, von denen jede diese 24 Satzstücke
in einem Säckchen erhält.

Es werden 6 Stationen im Raum verteilt aufgebaut und gekennzeichnet,
für die jeweils in 4-facher Ausführung die folgenden Materialien erstellt
werden müssen:

Station „PA-Memory®":
5 mithilfe der BKV erstellte Gradzahl-Karten (siehe Beispiel links)
5 dazu passende Winkelarten-Karten (KV 1)
Station „PA-Wettstreit":
28 Gradzahl-Karten (BKV)
Station „EA-Sortieren":
28 Gradzahl-Karten (BKV)
Station „PA-Domino":
8 PA-Domino-Sets (KV 2, entlang der gestrichelten Linien zerschneiden)
Station „EA-Domino":
4 EA-Domino-Sets (KV 2, entlang der gestrichelten Linien zerschneiden)
Station „EA-Zuordnen":
12 Gradzahl-Karten (BKV)
6 verschiedene Winkelarten-Karten (KV 1)

Die Material-Sets werden für jede Station in einen Umschlag gesteckt,
sodass an jeder Station vier gleiche Umschläge ausliegen.

VERLAUF

- Die Schüler „erobern" sich an den Stationen die 24 Satzstücke für
  die Anleitungen (jedes Gruppenmitglied erobert mindestens ein
  Satzstück). PA-Stationen werden mit einem Mitglied der eigenen
  Gruppe bearbeitet.
  - ✦ **PA-Memory®:** Die Schüler suchen nach den üblichen Memory®-
    Regeln Pärchen aus Gradzahl-Karte + Winkelarten-Karte
  - ✦ **PA-Wettstreit:** Es wird eine Gradzahl-Karte aufgedeckt.
    Wer als Erstes die richtige Winkelart nennt, erhält diese Karte,
    zum Sieg braucht man drei Karten.

- ✦ **EA-Sortieren:** Die Gradzahl-Karten müssen der Größe nach sortiert werden.
- ✦ **PA-Domino:** Jeder Schüler legt die 9 Steine seines eigenen Domino-Sets aneinander, wobei die rechte Seite eines Steins der linken Seite eines anderen Steins entspricht. Der erste Schüler mit seinem fertigen Domino gewinnt.
- ✦ **EA-Domino:** Der Schüler legt die 9 Steine des Dominos zu einem fertigen Domino zusammen, bei dem die rechte Seite eines Steins der linken Seite eines anderen Steins entspricht.
- ✦ **EA-Zuordnen:** Es werden Gradzahl-Karten Winkelarten-Karten zugeordnet.

- ■ Bei fertig absolvierten EA-Stationen darf der Schüler ein Satzstück aus dem Säckchen seiner Gruppe ziehen. Bei PA-Stationen darf der Sieger zwei, der Verlierer ein Satzstück ziehen.
- ■ Hat eine Gruppe alle 24 Satzstücke erobert, bringen die Gruppenmitglieder diese gemeinsam in die richtige Reihenfolge, sodass die drei Anleitungen entstehen.
- ■ Sind alle drei Anleitungen in der richtigen Reihenfolge (Lehrerkontrolle), bekommt jeder Schüler der Gruppe die drei Anleitungen ausgehändigt.

DIFFERENZIERUNG   Die Schüler zeichnen und messen einige Winkel (überstumpf möglich).

Anleitung: Zeichnen 1

> Zeichne einen Strahl (genannt „Schenkel") waagerecht aufs Papier.
>
> Lege den Nullpunkt des Geodreiecks an das Ende des Strahls (Scheitelpunkt),
>
> sodass die Grundlinie entlang des Strahls liegt.
>
> Die Spitze des Geodreiecks zeigt nach unten.
>
> Verschiebe die Grundlinie (der Nullpunkt bleibt) so lange,
>
> bis die gewünschte Gradzahl auf dem Strahl liegt.
>
> Zeichne den zweiten Schenkel ein.
>
> Kennzeichne den Winkel.
>
> Beschrifte den Winkel mit einem Namen sowie der Gradzahl.

Anleitung: Zeichnen 2

> Zeichne einen Strahl (genannt „Schenkel") waagerecht aufs Papier.
>
> Lege den Nullpunkt des Geodreiecks an das Ende des Strahls (Scheitelpunkt),
>
> sodass die Grundlinie entlang des Strahls liegt.
>
> Die Spitze des Geodreiecks zeigt nach oben.
>
> Markiere bei der gewünschten Gradzahl an einer Dreiecksseite einen Punkt.
>
> Verbinde den markierten Punkt mit dem Scheitelpunkt.
>
> Kennzeichne den Winkel.
>
> Beschrifte den Winkel mit einem Namen sowie der Gradzahl.

Anleitung: Messen

> Lege den Nullpunkt des Geodreiecks an den Scheitelpunkt,
>
> sodass die Grundlinie entlang des unteren Schenkels liegt.
>
> Die Spitze des Geodreiecks zeigt nach unten.
>
> Drehe das Geodreieck um den Scheitelpunkt (der Nullpunkt bleibt),
>
> bis die Grundlinie des Geodreiecks entlang des oberen Schenkels liegt.
>
> Lies die Gradzahl des Winkels auf der inneren Skala des Geodreiecks dort ab,
>
> wo der untere Schenkel durchläuft.

Material für Winkelarten-Karten

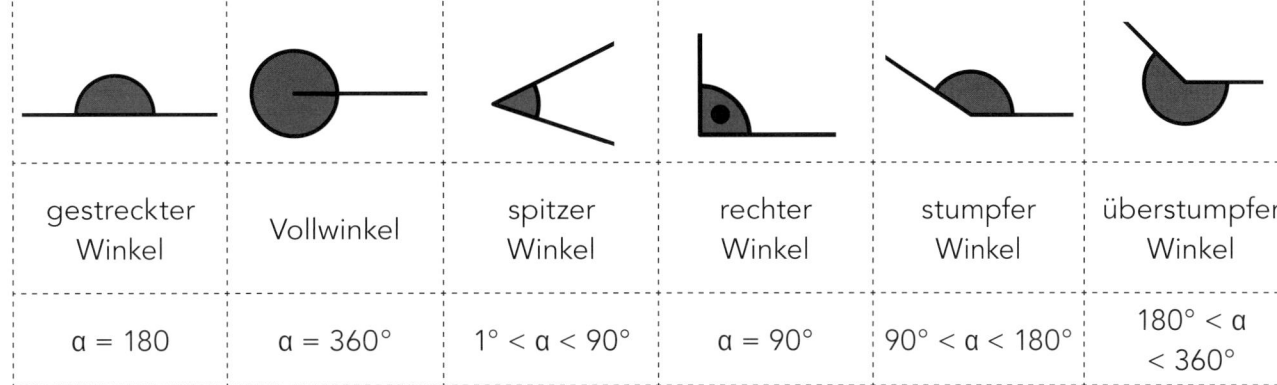

gestreckter Winkel	Vollwinkel	spitzer Winkel	rechter Winkel	stumpfer Winkel	überstumpfer Winkel
α = 180	α = 360°	1° < α < 90°	α = 90°	90° < α < 180°	180° < α < 360°

© Verlag an der Ruhr | Autorinnen: K. Barth, S. Müller | ISBN 978-3-8346-2400-0 | www.verlagruhr.de

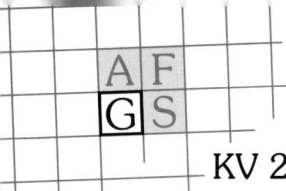

Winkel zeichnen/messen –
KV 2 *Domino-Sets*

PA-Domino-Set

α = 90°		gestreckter Winkel	1° < α < 90°	stumpfer Winkel
90° < α < 180°		α = 360°	überstumpfer Winkel	180° < α < 360°	α = 180°
gestreckter Winkel		rechter Winkel	Vollwinkel	α = 360°	rechter Winkel

EA-Domino-Set

rechter Winkel		α = 180°	spitzer Winkel		90° < α < 180°
		α = 180°	gestreckter Winkel	Vollwinkel		stumpfer Winkel
90° < α < 180°		überstumpfer Winkel	1° < α < 90°	spitzer Winkel	

© Verlag an der Ruhr | Autorinnen: K. Barth, S. Müller | ISBN 978-3-8346-2400-0 | www.verlagruhr.de

Winkel zeichnen/messen – *Sportliche Winkel*

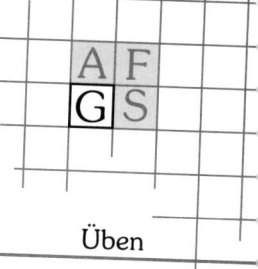

Üben

Inhaltsbezogene Kompetenz:
Zeichnen von grundlegenden ebenen Figuren (Winkel), Schätzen und Bestimmen von Winkeln

Prozessbezogene Kompetenz:
AK04, P04, P05, W01

Sozialform: GA (3er-Gruppen)

Zeit: 20 min

Material:
Bewegungsliste (siehe unten), Gradzahl-Karten (BKV, S. 166), 1 Geodreieck pro Gr

VORBEREITUNG

Zunächst werden mithilfe der BKV 28 Gradzahl-Karten mit Werten von 5° bis 360° erstellt und auf dem Lehrertisch ausgelegt. Die Bewegungsliste wird für alle sichtbar gemacht, und die Übungen werden demonstriert. Die Klasse bildet Kleingruppen mit jeweils drei Schülern. Jede 3er-Gruppe besteht aus Schüler A, B und C – im Folgenden kurz A, B und C genannt.

Bewegungsliste

0 Hampelmänner
1 Kniebeugen
2 Liegestütz
3 Hock-Streck-Sprünge

4 Immer abwechselnd 10 Sprünge auf dem rechten und dem linken Bein
5 Liegende Achten mit gestreckten Armen in die Luft malen

6 Um einen Tisch laufen
7 Sit-ups
8 Aus dem Sitzen aufstehen
9 Immer abwechselnd 10 Armkreise vor- und rückwärts

VERLAUF

- A holt eine Gradzahl-Karte (z. B. 15°), zeigt diese nur B und bringt sie zurück.
- A zeichnet den Winkel, ohne dass C dies sieht.
- C misst den von A gezeichneten Winkel.
- C und A vergleichen ihre Winkelgrößen und verbessern diese bei Abweichungen. Es wird auch kontrolliert, ob B die richtige Bewegung macht: B führt entsprechend der Zehnerstelle der ihm gezeigten Gradzahl die Bewegung aus der Liste (z. B. 15° ➜ Kniebeugen) so lange durch, bis C und A mit dem Zeichnen und Messen des Winkels fertig sind.
- Die Rollen werden 2-mal getauscht, sodass jeder Schüler einmal eine Gradzahl-Karte geholt und gezeichnet, einmal die Bewegung durchgeführt und einmal gemessen hat.

DIFFERENZIERUNG

- Leichter wird es, wenn die Gradzahl-Karten auf maximal 90° beschränkt werden. Schwieriger wird es, wenn auch stumpfe und überstumpfe Winkel dabei sind.
- Es kann auch ein Wettkampf aus der Einheit gemacht werden, indem eine Gesamtzeit vorgegeben wird: Die 3er-Gruppe mit den meisten bearbeiteten Gradzahl-Karten gewinnt.
- Auch ein Punktesystem ist möglich: 10 P. für genaues Zeichnen und Messen, je 1 P. für jede durchgeführte Bewegungswiederholung (z. B. 15 Sit-ups = 15 P.).

Besondere Dreiecke –
Farbige Dreiecke

Verstehen

Inhaltsbezogene Kompetenz:
Erfassen und Charakterisieren von Figuren (recht-
winklige, gleichschenklige und -seitige Dreiecke),
Zeichnen von grundlegenden ebenen Figuren
(Winkel)

Prozessbezogene Kompetenz:
AK06, AK07, P01, W01

Sozialform: EA

Zeit: 15 min

Material:
farbiges Papier (in rot, grün und blau),
1 Geodreieck pro S

VORBEREITUNG

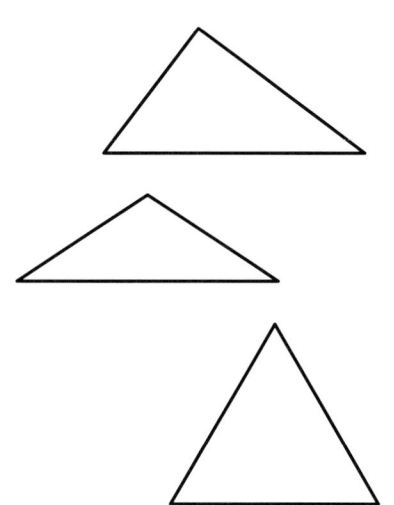

Die Lehrperson erstellt zunächst drei Sets mit jeweils 12 Dreiecken.
Jedes Set hat eine andere Farbe und besteht aus 4 rechtwinkligen
Dreiecken (A–D), 4 gleichseitigen Dreiecken (E–H) und 4 gleichschenk-
ligen Dreiecken (I–L) in unterschiedlichen Größen (Tipp: Dazu können
einfach die Skizzen links unterschiedlich vergrößert werden). Diese
insgesamt 36 Dreiecke werden im Klassenraum verteilt.
Die Schüler werden den einzelnen Farb-Sets zugeteilt (ca. zehn Schüler
pro Farb-Set) und jeder Schüler überträgt die folgende Tabelle mit
zwölf Zeilen in sein Heft.

Dreieck	a	b	c	α	β	γ
A						
B						

VERLAUF

- Jeder Schüler sucht sich eine Dreieckskarte aus seinem Farb-Set
  aus und nimmt diese mit an seinen Platz.
- Dort misst er alle Seiten und Winkel und trägt die Werte in seiner
  Tabelle ein.
- Jeder Schüler muss bis zu neun Dreiecke ausmessen, um alle drei
  Fälle in seiner Tabelle eingetragen zu haben.
- Sie finden heraus, welche Dreiecke zusammengehören, und be-
  gründen dies.
- In einem anschließenden Gespräch werden die Daten an der Tafel
  in einer gemeinsamen Tabelle gesammelt. Es wird die Zusammen-
  gehörigkeit der Dreiecke begründet und die Fachbegriffe „recht-
  winkliges Dreieck", „gleichschenkliges Dreieck" und „gleichseitiges
  Dreieck" werden genannt.

DIFFERENZIERUNG

Die Schüler zeichnen ein gleichseitiges, ein gleichschenkliges und
ein rechtwinkliges Dreieck (schwieriger: mit Zirkel und Lineal).

Besondere Dreiecke –
Schnick-Schnack-Dreieck

Inhaltsbezogene Kompetenz:
Verwenden von Grundbegriffen, wie „Seite" und
„Winkel", zur Beschreibung von ebenen Figuren,
Erfassen und Charakterisieren von Figuren (recht-
winklige, gleichschenklige und -seitige Dreiecke)

Prozessbezogene Kompetenz:
AK02, AK04, AK06

Sozialform: KU

Zeit: 10 min

Material:
Dreieckskarten zu den drei Dreiecksarten für
jeden S

VORBEREITUNG Es werden drei Dreieckskarten erstellt, auf denen je ein Dreieck
abgebildet ist (ein rechtwinkliges, ein gleichschenkliges und ein gleichseitiges Dreieck). Dazu können die Vorlagen der Einheit „Besondere
Dreiecke verstehen", S. 118 verwendet werden. Die Karten werden für
jeden Schüler vervielfältigt (jede Dreiecksart liegt also im Klassensatz
vor). Alle Dreieckskarten werden auf einem Tisch verdeckt ausgelegt.

VERLAUF
- Die Schüler bewegen sich im Raum. Treffen sich zwei Schüler,
  spielen sie einmal Schnick-Schnack-Dreieck gegeneinander.
  Sie stellen sich dafür gegenüber und sagen gemeinsam „Schnick-
  Schnack-Dreieck". Bei „Dreieck" stellt jeder Schüler schnell eine
  beliebige Dreiecksart dar:
  - Ein gleichseitiges Dreieck wird durch eine Grätschposition dar-
    gestellt.
  - Ein gleichschenkliges Dreieck wird durch die Nachbildung eines
    Dreieckshutes mit den Armen über dem Kopf erzeugt.
  - Ein rechtwinkliges Dreieck ergibt sich durch eine Hüftbeugung
    um 90°, wobei die Hände in Richtung der Füße zeigen (möglichst
    berühren; Arme = Hypothenuse).
  (Haben beide Schüler zufällig die gleiche Position eingenommen,
  beginnen sie erneut.)

- Gewinnregeln:
  - Das gleichseitige Dreieck gewinnt gegen das gleichschenklige.
  - Das gleichschenklige Dreieck gewinnt gegen das rechtwinklige.
  - Das rechtwinklige Dreieck gewinnt gegen das gleichseitige.

- Der Gewinner zieht sich eine verdeckte Dreieckskarte.
- Beide Schüler suchen sich einen neuen Partner.
- Der Schüler, der zuerst drei gleichartige Dreiecke gesammelt hat,
  gewinnt.

DIFFERENZIERUNG
- Es kann auch mit einem Punktesystem gespielt werden:
  - Ein Set aus drei verschiedenen Dreiecken gibt zwei Sonderpunkte.
  - Ein Set aus drei gleichen Dreiecken gibt zwei Sonderpunkte.

Winkelsumme im Dreieck –
Stäbchendreiecke

Verstehen

Inhaltsbezogene Kompetenz:
Erfassen und Begründen einer Eigenschaft
im Dreieck

Prozessbezogene Kompetenz:
AK02, P03, W01, W03

Sozialform: EA, PA, GA (4er-Gruppen)

Zeit: 10 min

Material:
2 Schaschlik- oder Mikadostäbe pro S,
1 Geodreieck pro S

VORBEREITUNG

Jeder Schüler bekommt zwei Schaschlik- oder Mikadostäbe und hält sein Geodreieck bereit.

VERLAUF

■ Jeder Schüler sucht sich im Klassenraum allein eine beliebige gerade Linie (z. B. eine Tischkante, eine Fuge im Boden etc.). An diese Linie legt er die beiden Stäbe so an, dass ein Dreieck entsteht. Dabei müssen die Enden der Stäbe nicht zwangsläufig die Ecken des Dreiecks sein.

■ Die Schüler messen mithilfe ihres Geodreiecks die Winkel des entstandenen Dreiecks und berechnen die Winkelsumme.

■ Dieser Vorgang wird 5-mal wiederholt, sodass jeder Schüler am Ende fünf verschiedene Dreiecke „gebaut" und ausgemessen und fünf Winkelsummen notiert hat.

■ Die Schüler suchen sich zunächst einen Partner, mit dem sie ihre Ergebnisse vergleichen.

■ Anschließend tun sich zwei Paare zusammen und besprechen, was sie herausgefunden haben (Methode: think – pair – share).

■ Jede 4er-Gruppe formuliert einen Merksatz zur Winkelsumme.

DIFFERENZIERUNG

Es können auch einige vorgefertigte Dreiecke im Klassenraum verteilt werden, die die Schüler ausmessen.

Winkelsumme im Dreieck – *Sprachlose Dreiecke*

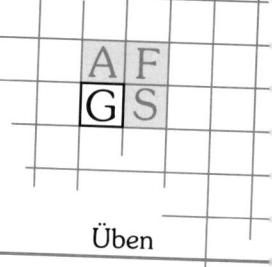

Inhaltsbezogene Kompetenz:
Schätzen und Bestimmen von Längen
und Winkeln von Vielecken

Prozessbezogene Kompetenz:
P03, P05, P06, W01

Sozialform: GA (3er- bis 5er-Gruppen)

Zeit: 15 min

Material: 1 DIN-A5-Blatt pro S, 1 Geodreieck pro S

VORBEREITUNG

Jeder Schüler zeichnet auf sein DIN-A5-Blatt mithilfe seines Geodreiecks ein beliebiges Dreieck. Anschließend misst er die Winkel
aus und trägt die Winkelgrößen in die Zeichnung ein. Dann zerreißt
er sein Dreieck vorsichtig in drei Teile, wobei auf jedem Teil eine Ecke
liegen muss.
Die Klasse bildet nun Gruppen mit jeweils drei bis fünf Schülern.
Diese setzen sich zusammen an einen Gruppentisch und mischen ihre
Dreiecksteile verdeckt. Jeder nimmt sich drei beliebige Dreiecksteile
und legt sie vor sich aufgedeckt auf den Tisch, wobei diese drei kein
passendes Dreieck ergeben sollten.

VERLAUF

- Ziel ist es, durch gemeinsames Hinschauen, Mitdenken und Mithelfen
  einen gemeinsamen Erfolg zu erzielen.
- Der erste Schüler schiebt ein Dreiecksteil in die Mitte (Anfangsteil).
- Reihum darf nun jeder Schüler ein Teil aus der Mitte nehmen, wenn
  er zeitgleich eines seiner eigenen Teile in die Mitte legt. Am Ende
  hat jeder Schüler ein passendes Dreieck vor sich liegen.

Besondere Regeln:

- Es darf weder gesprochen noch durch Zeichen etwas signalisiert
  werden (Ausnahme: Das in der Mitte liegende Teil wird nicht benötigt – Kopfschütteln signalisiert, dass der Schüler nicht tauschen
  möchte und dass der nächste an der Reihe ist).
- Keiner darf in die gelegte Figur eines Gruppenmitgliedes eingreifen
  oder darauf zeigen.
- Benötigt ein anderes Gruppenmitglied ein eigenes Teil dringender,
  sollte dieses beim nächsten Zug in die Mitte gelegt werden, damit
  alle Gruppenmitglieder erfolgreich sind.

DIFFERENZIERUNG

- Je mehr Schüler sich in einer Gruppe befinden, desto schwieriger
  wird das Zusammenstellen der Dreiecke. Für leistungsschwächere
  Schüler eignet sich somit eher eine 3er-Gruppe.
- Einfacher wird es, wenn nur „glatte" Winkelgrößen
  (z. B. 50° + 60° + 70°) erlaubt sind.
- Es kann eine Zeit vorgegeben werden, in der die Gruppen ihre
  Dreiecke richtig zusammenbauen müssen (dabei ist ein zusätzlicher
  Regelbeobachter pro Gruppe hilfreich, der bei Regelverstößen
  Zeitstrafen erteilt).

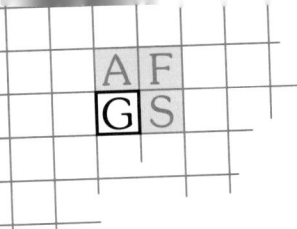

Dreieckskonstruktion –
Fälle auf dem Holzweg

Verstehen

Inhaltsbezogene Kompetenz:
Erfassen und Begründen von Dreieckseigenschaften mithilfe der Kongruenz; Konstruieren von Dreiecken aus gegebenen Winkel- und Seitenmaßen

Prozessbezogene Kompetenz:
AK09, P07, P10, M05

Sozialform: GA (4er-Gruppen)

Zeit: 90 min

Material:
4 eckige Holzstäbe pro Gr (3, 4, 8 und 10 cm lang), 3 Holz-/Papp-Winkel pro Gr (90°, 75° und 45°), 2 Schaschlik- oder Mikadostäbe pro Gr, 1 Lineal pro Gr, Arbeitsauftrag und Fallbeschreibungen (KV)

VORBEREITUNG

Die Schüler bilden 4er-Gruppen. Auf jedem der vier Gruppentische werden vier Holzstäbe in den verschiedenen Längen, die drei Winkel, zwei Schaschlikstäbe und ein Lineal ausgelegt. Außerdem erhält jede Gruppe den allgemeinen Arbeitsauftrag und die vier Fallbeschreibungen zu den Fällen „Strandbar", „Schatzkiste", „Insel" und „Berührungen".

VERLAUF

- Jede Gruppe liest zunächst gemeinsam den allgemeinen Arbeitsauftrag. Dieser beschreibt den Arbeitsablauf der Bearbeitung der vier Fälle.
- Die vier Fälle werden nacheinander bearbeitet. Es ist wichtig, dass jedes Mal ein anderer Schüler der Gruppenchef ist und den Fall mithilfe der Materialien nachlegt.
- Als Abschluss eines Falls formuliert die Gruppe anhand der Bedingungen und Beobachtungen, die sie während der Beobachtung gemacht hat, eine Regel.
- Sobald jede Gruppe alle vier Fälle bearbeitet hat, sollte sich sinnvollerweise eine Nachbesprechung der formulierten Schülerregeln unter Anleitung der Lehrperson anschließen.

DIFFERENZIERUNG

- Schnelle Gruppen können den noch arbeitenden Gruppen als Experten helfen.
- Es bietet sich eine Überprüfung der Vermutungen mithilfe einer Geometriesoftware (z. B. „Geogebra") an.

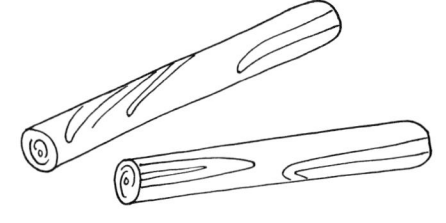

Arbeitsauftrag

Vor euch liegen vier Fallbeschreibungen zum Thema Dreieckskonstruktion. Schafft ihr es, sie alle durchzuarbeiten und am Ende eine Regel zu formulieren?
Wählt für jeden Fall einen neuen **Gruppenchef**.

1. Bearbeitet jeden Fall unter der Anleitung des jeweiligen Gruppenchefs. Der Chef liest den Fall laut vor und **legt die beschriebene Situation** ohne Hilfe der Gruppe mit den entsprechenden Materialien **nach** (Auftrag a).

2. Beantwortet gemeinsam die **Aufträge b) und c)**.

3. Überlegt euch jeweils eine **Bedingung**, unter der die gesuchte Entfernung eindeutig angegeben werden kann.

4. Formuliert aus der Bedingung und euren Beobachtungen heraus eine **Regel**:

   Ein Dreieck, bei dem _____ gegeben sind, ist eindeutig

   konstruierbar, wenn _____

   Gebt eine Abkürzung für diesen Fall an: _____

Fall Strandbar

Material: Holzstäbe der Länge 3 und 8 cm, 90°-Winkel, 1 Schaschlikstab, 1 Lineal

Anna und Christian liegen am Strand. Anna liegt 80 m von der Strandbar entfernt, Christian muss 30 m weit laufen, um sich dort ein Erfrischungsgetränk zu holen.

a) Legt die Situation mithilfe der Materialien nach.

b) Bestimmt, wie weit Anna und Christian auseinanderliegen!
   Fertigt dazu jeweils eine Zeichnung an und erläutert euer Ergebnis.

c) Der Barkeeper beobachtet die beiden. Um seinen Blick von Christian zu Anna zu richten, muss er seinen Kopf um 90° von rechts nach links drehen. Begründet mithilfe einer weiteren Zeichnung, ob man die Entfernung von Anna zu Christian nun genau angeben kann.

© Verlag an der Ruhr | Autorinnen: K. Barth, S. Müller | ISBN 978-3-8346-2400-0 | www.verlagruhr.de

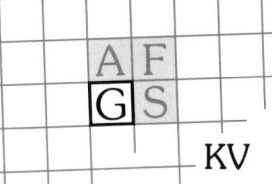

Fall Schatzkiste

Material: Holzstäbe der Länge 8 und 10 cm, 45°-Winkel, 1 Schaschlikstab, 1 Lineal

Auf hoher See befinden sich die Schiffe Cegusta und Augusta in einem Abstand von 100 Meilen. 80 Meilen von dem Schiff Augusta entfernt ist eine Boje eingelassen, die den Ort einer versunkenen Schatzkiste kennzeichnet.

a) Legt die Situation mithilfe der Materialien nach.
b) Bestimmt den Ort der Boje! Fertigt dazu jeweils eine Zeichnung an und erläutert euer Ergebnis.
c) Das Schiff Cegusta sieht die Boje ebenfalls, allerdings unter einem Winkel von 45°. Begründet mithilfe einer weiteren Zeichnung, ob man die Entfernung zwischen der Boje und der Cegusta nun genau angeben kann.

Fall Insel

Material: Holzstab der Länge 10 cm, 45°- und 75°-Winkel, 2 Schaschlikstäbe, 1 Lineal

Adorf und Bestadt liegen 10 km auseinander an einem See.
Die Insel im See kann man von Adorf aus unter einem Winkel von 45° sehen.

a) Legt die Situation mithilfe der Materialien nach.
b) Bestimmt den Ort der Insel! Fertigt dazu jeweils eine Zeichnung an und erläutert euer Ergebnis.
c) Von Bestadt aus kann man die Insel unter einem Winkel von 75° aus sehen. Begründet mithilfe einer weiteren Zeichnung, ob man die Entfernung der Insel von Bestadt nun genau angeben kann.

Fall Berührungen

Material: Holzstäbe der Länge 3, 4, 8 und 10 cm, 1 Lineal

Ted stellt Lotte folgende Knobelaufgabe: Wenn es dir gelingt, mit den Stäben mehr als zwei verschiedene Dreiecke zu legen, gewinnst du, wenn nicht, gewinne ich.

a) Bestimmt, mit welchen drei von diesen vier Holzstäben ihr ein Dreieck legen könnt und mit welchen nicht. Dabei sollen die Stabspitzen sich genau berühren.
b) Fertigt dazu jeweils eine Zeichnung an und erläutert euer Ergebnis.
Füllt die Tabelle gemeinsam aus.

Holzstab 1	Holzstab 2	Holzstab 3	Beobachtung
3 cm	4 cm	8 cm	Es entsteht kein Dreieck.

© Verlag an der Ruhr | Autorinnen: K. Barth, S. Müller | ISBN 978-3-8346-2400-0 | www.verlagruhr.de

Dreieckskonstruktion –
Bewegte Konstruktionen

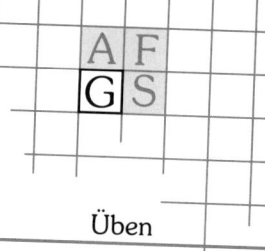

Inhaltsbezogene Kompetenz:
Konstruieren von Dreiecken aus gegebenen
Winkel- und Seitenmaßen

Prozessbezogene Kompetenz:
AK15, P13, P08, W04

Sozialform: GA (3er-Gruppen)

Zeit: 45 min

Material:
3 Würfel pro Gr, 1 Geodreieck und 1 Zirkel pro S,
Zuordnungstabelle „Augenzahl → Seite/Winkel
→ Maße" (siehe unten)

VORBEREITUNG Die Schüler bilden 3er-Gruppen, von denen jede drei Würfel erhält
und diese an einem selbst bestimmten „Heimatort" ablegt (z. B. Fensterbank, Tisch etc.). Die Gruppen überlegen sich ein Signalwort, mit
dem sich die Gruppenmitglieder untereinander signalisieren, dass sie
als erste eine Konstruktion beendet haben. Die Zuordnungstabelle
wird für alle sichtbar gemacht:

Würfeldurchlauf	⚀	⚁	⚂	⚃	⚄	⚅
1. Gegeben	Seite			Winkel		
2. Winkelmaße/ Seitenmaße	20°–40°	40°–60°	60°–80°	80°–100°	100°–120°	120°–140°
	1 cm	2 cm	3 cm	4 cm	5 cm	6 cm

VERLAUF

■ **1. Würfeldurchlauf:** Die Schüler erwürfeln sich an ihrem Heimatort
mit allen drei Würfeln nacheinander die Art der Vorgaben.
Die Reihenfolge ist zu beachten (z. B. 3, 1, 5 = Seite, Seite, Winkel).

■ Der Schüler, der die höchste Augenzahl gewürfelt hat, bestimmt nun
eine lösbare Übung für seine Gruppenmitglieder (z. B. Armdrücken,
eine Rolle vorwärts). Die Durchführung ist auf eine Minute begrenzt
und wird von dem Schüler, der die Übung bestimmt hat, mit 1 bis 3
Punkten bewertet (Ermessenssache; Nichtdurchführung = 0 P.).

■ **2. Würfeldurchlauf:** Anschließend erwürfelt der Schüler, der im
ersten Würfeldurchlauf die höchste Zahl hatte, in drei weiteren
Würfen die Maße für die im 1. Durchlauf festgelegten Seiten/Winkel
(z. B. 4, 2, 6 → erste Seite = 4 cm, zweite Seite = 2 cm, Winkel =
120°–140°). Er legt eine konkrete Gradzahl in dem erwürfelten Grad-
zahlbereich fest und begründet, ob dieses Dreieck konstruierbar ist.
Liegt er richtig, erhält er dafür 2 Punkte.

■ Ist das Dreieck konstruierbar, konstruieren es alle Gruppenmitglieder
einzeln mit Zirkel und Geodreieck an ihrem Sitzplatz.

■ Ist ein Schüler der Gruppe fertig, sagt er das abgesprochene Signalwort. Die beiden anderen Gruppenmitglieder konstruieren zu Ende;
dann erfolgt eine gegenseitige Kontrolle. Der Schnellste erhält bei
richtiger Lösung 3 Punkte. Ist das konstruierte Dreieck fehlerhaft,
bekommt der Nächstlangsamere die Gewinnpunkte.

■ Dieser Ablauf wird mehrfach wiederholt

■ Der Schüler mit den meisten Punkten gewinnt.

DIFFERENZIERUNG Eine Seite/Winkel kann mit genauen Größenangaben vorgegeben werden.

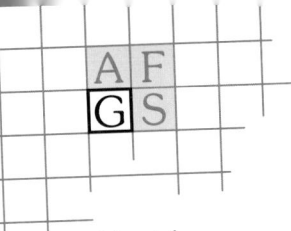

Besondere Linien im Dreieck (MS, WH, SH, H) –
Deine-meine-unsere mittleren Winkelhöhen

Inhaltsbezogene Kompetenz:
Erfassen und Begründen von Figureneigenschaften

Prozessbezogene Kompetenz:
AK09, AK10, P08

Sozialform: GA (4er-Gruppen)

Zeit: 45 min

Material:
Arbeitsblätter (KV), selbst erstellte Dreiecke,
farbiges Papier (rot, grün, gelb, blau),
1 Geodreieck und 1 Zirkel pro S

VORBEREITUNG
Aus den Einzelteilen der KV werden vier Arbeitsblätter erstellt. Zu jedem Arbeitsblatt gehört die Vorstellung des Themas und die Aufgabenstellung (Teil 1) und die Zeichenfläche mit Schreiblinien (Teil 2).
Jedes der vier Themen ist einer Farbe zugeordnet: „Mittelsenkrechte" = rot, „Winkelhalbierende" = grün, „Seitenhalbierende" = gelb, „Höhen" = blau. Die Lehrperson zeichnet zwölf beliebige Dreiecke, kopiert diese auf die vier Farben der Themen und legt jeweils drei gleichfarbige Dreiecke an einen beliebigen Ort im Raum. So entstehen vier rote, vier grüne, vier gelbe und vier blaue Dreiecksorte. Die Klasse wird in Stammgruppen mit jeweils vier Schülern aufgeteilt. Je einer der Schüler ist für eins der vier Themen verantwortlich. Jeder Schüler findet sich mit mindestens zwei und höchstens vier weiteren Schülern zusammen, die für dasselbe Thema verantwortlich sind. Innerhalb dieser Expertengruppen erhält jeder Schüler ein Arbeitsblatt seines Themas.

VERLAUF
- Die Expertengruppen bearbeiten ihr Arbeitsblatt. Dabei finden sie heraus, was z. B. eine Seitenhalbierende ist, zeichnen zwei und beschreiben, wie man diese mit Geodreieck oder Zirkel/Lineal konstruiert. Sie bereiten dies so vor, dass sie es später ihrer Stammgruppe erklären können (Methode: Gruppenpuzzle).
- Alle Arbeitsblätter werden im Klassenraum verteilt aufgehängt.
- Nacheinander stellt jeder Experte sein Thema den anderen Mitgliedern seiner Stammgruppe vor. Dazu begibt sich die Gruppe jeweils zu dem Arbeitsblatt des ersten Experten, z. B. zum Thema „Seitenhalbierende". Dieser erklärt ihnen, was eine Seitenhalbierende ist und wie diese konstruiert wird. Es werden Rückfragen gestellt.
- Nach der Erklärung des ersten Themas geht die Stammgruppe zu einem Dreiecksort der passenden Farbe (z. B. gelb). Jeder Schüler mit Ausnahme des Experten zeichnet im Stehen mithilfe des Geodreiecks die besondere Linie (z. B. Seitenhalbierende) in eins der farbigen Dreiecke. Dies wird an einem anderen Dreiecksort mit Zirkel und Geodreieck wiederholt. Der Experte steht helfend zur Verfügung. Es ist möglich, dass in einem der Dreiecke von einer anderen Gruppe bereits eine besondere Linie eingezeichnet wurde. In diesem Fall wird eine zweite hinzugezeichnet. Sind bereits zwei eingezeichnet, wird ein anderes gleichfarbiges Dreieck genutzt.
- Dies wird wiederholt, bis alle vier Themen erklärt und auf gleiche Weise bearbeitet wurden.

Mittelsenkrechte

Definition:

Unter einer Mittelsenkrechten m einer Strecke versteht man die Senkrechte zur Strecke, die durch den Mittelpunkt dieser Strecke verläuft.

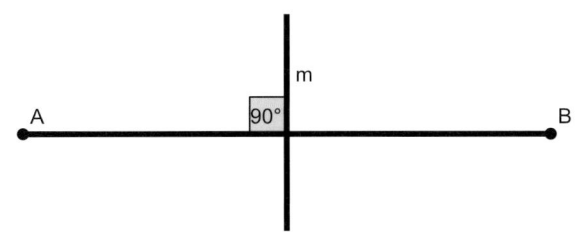

Aufgabe 1: (Teil 1)

Konstruiere in dem links abgebildeten Dreieck die Mittelsenkrechte m_c zu c mithilfe des Geodreiecks.
Notiere, wie du bei der Konstruktion vorgegangen bist.

Aufgabe 2:

Konstruiere in dem rechts abgebildeten Dreieck die Mittelsenkrechte m_c zu c mithilfe von Zirkel und Lineal.
Notiere, wie du bei der Konstruktion vorgegangen bist.

(Teil 2)

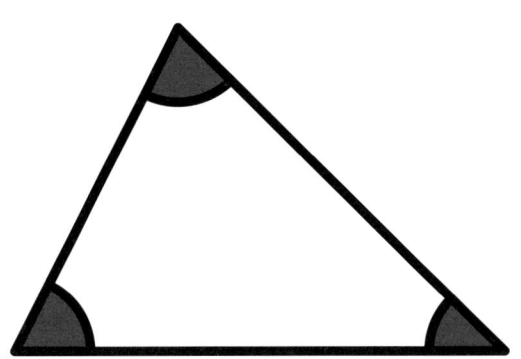

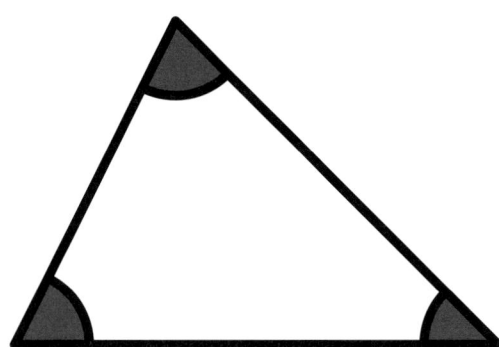

Konstruktionsbeschreibung:

_____

_____

_____

_____

_____

_____

_____

Konstruktionsbeschreibung:

_____

_____

_____

_____

_____

_____

_____

© Verlag an der Ruhr | Autorinnen: K. Barth, S. Müller | ISBN 978-3-8346-2400-0 | www.verlagruhr.de

Winkelhalbierende

Definition:

Unter der Winkelhalbierenden w_α versteht man die Halbgerade mit dem Anfangspunkt S, die den Winkel α in zwei gleich große Teilwinkel zerlegt.

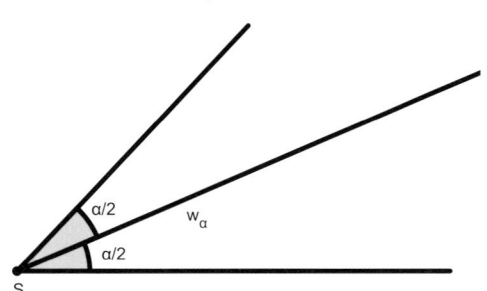

Aufgabe 1: (Teil 1)

Konstruiere in dem links abgebildeten Dreieck die Winkelhalbierende w_β von β mithilfe des Geodreiecks.
Notiere, wie du bei der Konstruktion vorgegangen bist.

Aufgabe 2:

Konstruiere in dem rechts abgebildeten Dreieck die Winkelhalbierende w_β von β mithilfe von Zirkel und Lineal.
Notiere, wie du bei der Konstruktion vorgegangen bist.

Seitenhalbierende

Definition:

Unter einer Seitenhalbierenden s in einem Dreieck versteht man die Gerade, die eine Ecke des Dreiecks mit dem Mittelpunkt der gegenüberliegenden Seite verbindet.

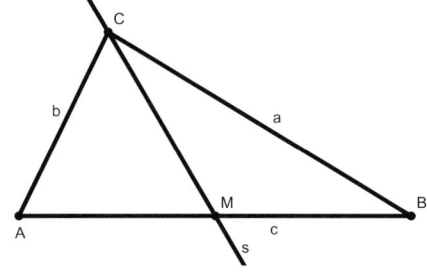

Aufgabe 1: (Teil 1)

Konstruiere in dem links abgebildeten Dreieck die Seitenhalbierende s_a durch A mithilfe des Geodreiecks.
Notiere, wie du bei der Konstruktion vorgegangen bist.

Aufgabe 2:

Konstruiere in dem rechts abgebildeten Dreieck die Seitenhalbierende s_a durch A mithilfe von Zirkel und Lineal.
Notiere, wie du bei der Konstruktion vorgegangen bist.

Höhe

Definition:

Unter der Höhe h in einem Dreieck versteht man die Senkrechte zu einer Seite, die durch den gegenüberliegenden Eckpunkt verläuft.

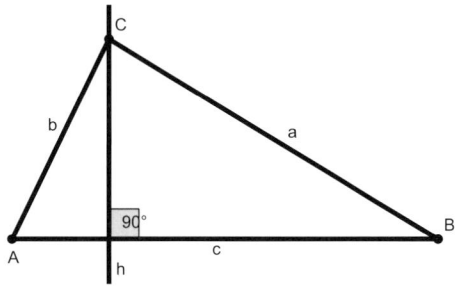

Aufgabe 1: (Teil 1)

Konstruiere in dem links abgebildeten Dreieck die Höhe h_b zu b mithilfe des Geodreiecks.
Notiere, wie du bei der Konstruktion vorgegangen bist.

Aufgabe 2:

Konstruiere in dem rechts abgebildeten Dreieck die Höhe h_b zu b mithilfe von Zirkel und Lineal.
Notiere, wie du bei der Konstruktion vorgegangen bist.

© Verlag an der Ruhr | Autorinnen: K. Barth, S. Müller | ISBN 978-3-8346-2400-0 | www.verlagruhr.de

Besondere Linien im Dreieck (MS, WH, SH, H) – 4 Dreiecke für 1 Quadrat

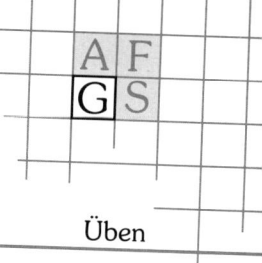

Inhaltsbezogene Kompetenz:
Charakterisieren von besonderen Linien im Dreieck, Erfassen und Begründen von ebenen Strukturen (Dreiecke)

Prozessbezogene Kompetenz:
AK14, P09, P11

Sozialform: GA (4er-Gruppen)

Zeit: 45 min

Material:
Aufgabenkarten (KV), farbiges Papier (rot, grün, gelb und blau), 1 Geodreieck und 1 Zirkel pro S

VORBEREITUNG — Jede Spalte der KV wird auf eine andere Farbe kopiert: „Mittelsenkrechte" (MS) = rot, „Winkelhalbierende" (WH) = grün, „Seitenhalbierende" (SH) = gelb und „Höhe" (H) = blau. Die Spalten werden in je sieben Aufgabenkarten zerschnitten (die jeweils Koordinaten für einen Eckpunkt eines Dreiecks angeben), die dann nach Themen bzw. Farben sortiert und an vier verschiedenen Orten verdeckt bereitgelegt werden.

VERLAUF
- Jeder Schüler zieht eine Aufgabenkarte, wobei in jeder 4er-Gruppe jedes Thema einmal vorkommen muss. Anschließend zeichnet je der Schüler die drei auf seiner Karte angegebenen Koordinaten in ein Koordinatensystem ein, verbindet sie zu einem Dreieck und konstruiert darin die ebenfalls vorgegebenen Linien (z. B. „H" → Höhen h_a, h_b und h_c, Schnittpunkt der drei Höhen ist Q2).
- Ziel ist es, die vier entstandenen Schnittpunkte Q1 bis Q4 der vier besonderen Linien zu finden, die ein Quadrat ergeben (siehe Lösungstabelle). Die Schüler überprüfen dies, indem Sie alle vier Schnittpunkte in der entsprechenden Farbe in ein weiteres gemeinsames Koordinatensystem eintragen.
- Ergibt sich kein Quadrat, müssen die Aufgabenkarten zurückgebracht und vier neue Karten geholt werden. Diese können alle aus einem Thema sein. Erlaubt ist es nämlich, einige „Schnittpunkte" zu behalten und nur die fehlenden zu suchen.
- Die Gruppe, die zuerst ein „Schnittpunkt-Quartett" findet, das ein Quadrat ergibt, gewinnt.

Lösungstabelle	MS	H	SH	WH	Die zusammengehörenden
1. Zeile	Q1 (4 | 3)	Q2 (9 | 3)	Q3 (4 | 8)	Q4 (9 | 8)	Aufgabenkarten stehen auf der
2. Zeile	Q1 (4 | 0)	Q2 (–2 | 6)	Q3 (4 | 6)	Q4 (–2 | 0)	KV zeilenweise nebeneinander
3. Zeile	Q1 (4 | 4)	Q2 (0 | 0)	Q3 (4 | 0)	Q4 (0 | 4)	(MS (ABC) gehört zu H (DEF),
4. Zeile	Q1 (8 | 6)	Q2 (8 | 0)	Q3 (2 | 0)	Q4 (2 | 6)	SH (GHI) und WH (JKL) usw.).
5. Zeile	Q1 (5 | –0,5)	Q2 (6 | 5)	Q3 (0,5 | 6)	Q4 (–0,5 | 0,5)	
6. Zeile	Q1 (–3 | 3)	Q2 (–3 | –3)	Q3 (3 | –3)	Q4 (3 | 3)	
7. Zeile	Q1 (4 | 4)	Q2 (0 | 0)	Q3 (4 | 0)	Q4 (0 | 4)	
8. Zeile	Q1 (3 | 9)	Q2 (–6 | 7)	Q3 (–4 | –2)	Q4 (5 | 0)	

DIFFERENZIERUNG — Schwächere Schüler können die in der Einheit „Besondere Linien im Dreieck verstehen" erarbeiteten Konstruktionsanleitungen zu Hilfe nehmen.

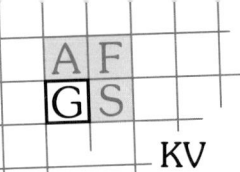

Besondere Linien im Dreieck (MS, WH, SH, H) – *Aufgabenkarten*

MS	H	SH	WH
A (2 | 2) B (6 | 2) C (3 | 5)	D (6 | 1) E (11 | 1) F (9 | 4)	G (1 | 7) H (5 | 7) I (6 | 10)	J (6 | 7) K (10 | 7) L (10 | 10)
MS	H	SH	WH
D (2 | –1) E (6 | –1) F (3 | 2)	G (–5 | 4) H (0 | 4) I (–2 | 7)	J (1 | 5) K (5 | 5) L (6 | 8)	A (–5 | –1) B (–1 | –1) C (–1 | 2)
MS	H	SH	WH
G (3 | 2) H (6 | 3) I (2 | 5)	J (–3 | –1) K (1 | –1) L (0 | 2)	A (2,5 | –1) B (5,5 | –1) C (4 | 2)	D (–2 | 2) E (6 | 2) F (–2 | 8)
MS	H	SH	WH
J (7 | 4) K (10 | 5) L (6 | 7)	A (5 | –1) B (9 | –1) C (8 | 2)	D (0,5 | –1) E (3,5 | –1) F (2 | 2)	G (0 | 4) H (8 | 4) I (0 | 10)
MS	H	SH	WH
M (4 | –2,5) N (7 | –1,5) O (3 | 0,5)	P (8 | 4) Q (8 | 1) R (10 | 5)	S (–0,5 | 4) T (1,5 | 4) U (0,5 | 10)	V (–1 | –1) W (0,5 | 1) X (–1 | 1)
MS	H	SH	WH
P (–4 | 1) Q (–1 | 2) R (–5 | 4)	S (–1 | –4) T (–1 | –7) U (1 | –3)	V (2 | –5) W (4 | –5) X (3 | 1)	M (2,5 | 1,5) N (4 | 3,5) O (2,5 | 3,5)
MS	H	SH	WH
S (3 | 2) T (6 | 3) U (2 | 5)	V (–3 | –1) W (1 | –1) X (0 | 2)	M (2,5 | –1) N (5,5 | –1) O (4 | 2)	P (–2 | 2) Q (6 | 2) R (–2 | 8)
MS	H	SH	WH
V (2 | 7) W (5 | 8) X (4 | 11)	M (–6 | 7) N (–6 | 4) O (–4 | 7)	P (–6 | –3) Q (0 | –2) R (–6 | –1)	S (8 | –1) T (4 | 2) U (4 | –1)

© Verlag an der Ruhr | Autorinnen: K. Barth, S. Müller | ISBN 978-3-8346-2400-0 | www.verlagruhr.de

Volumen und Oberflächen von Körpern – *Gebäudeinterview*

Inhaltsbezogene Kompetenz:
Benennen und Charakterisieren von Körpern und Identifizieren von diesen in der Umwelt; Schätzen und Bestimmen von Oberflächen und Volumina von Körpern

Prozessbezogene Kompetenz:
AK12, AK16, M07, W07

Sozialform: EA und GA (5er-Gruppen)

Zeit: 90 min

Material:
5 Gebäudefotos und Informationsmaterial zu den Körpern Zylinder, Kegel, Prisma, quadratische Pyramide und Kugel, Interviewleitfaden (siehe links)

VORBEREITUNG

Interviewleitfaden

- Wie sieht Ihr Gebäude aus? Bitte stellen Sie es kurz vor.
- Warum wurde diese Form gewählt? Was vermuten Sie?
- Wie viele Menschen passen ungefähr in das Gebäude? (1 m³ für einen Menschen)
- Wie kommen Sie auf die Anzahl der Menschen und das Volumen?
- Wie ist die Formel entstanden?

Die Schüler bilden 5er-Gruppen. Innerhalb einer Gruppe wird jedem Schüler ein anderer Körper zugeordnet (Zylinder, Kegel, Prisma, quadratische Pyramide, Kugel). Als Hausaufgabe sucht jeder Schüler ein Foto eines seinem Körper entsprechenden Gebäudes aus der Umwelt, druckt es aus und beschriftet es mit dem Gebäudenamen und dem Standort. Die Lehrperson sammelt alle Fotos ein und notiert jeweils das gleiche Symbol auf fünf Fotos verschiedener Körper (z. B. ein Stern auf je einem Foto eines Gebäudes in Form eines Zylinders, Kegels und Prismas sowie einer quadratischen Pyramide und Kugel) und hängt diese im Klassenraum auf. Die Lehrperson sollte vorsichtshalber Gebäudefotos für jeden der fünf Körper bereithalten und stellt außerdem Material zur Informationssuche zu jedem Körper (Eigenschaften, Oberflächen- und Volumenformeln mit Herleitung, näherungsweise Bestimmung von Volumen und Oberfläche) zur Verfügung. Der Interviewleitfaden wird für alle sichtbar gemacht.

VERLAUF

Zusatzfrage

- Der Verhüllungskünstler Christo möchte Ihr Gebäude komplett verhüllen. Wie viel Stoff benötigt er dafür?

- Jeder Schüler beschafft sich (ggf. vorab als Hausaufgabe) Informationen zu seinem Körper und seinem Gebäude (Eigenschaften, Oberflächen- und Volumenformeln mit Herleitung, näherungsweise Bestimmung von Volumen und Oberfläche des Gebäudes).
- Jeder Schüler nimmt sich ein Foto, das dasselbe Symbol trägt wie sein eigenes.
- Die Schüler bereiten mithilfe des Leitfadens ein Interview zu dem neu ausgesuchten Gebäude vor. Dabei sollen die Informationen in eine Geschichte eingebunden werden (z. B. „Sie waren im letzten Jahr in … und haben dort ein tolles Gebäude gesehen …").
- Die 5er-Gruppen (also z. B. alle Schüler mit einem durch einen Stern gekennzeichneten Foto) führen untereinander die Interviews durch. Die Zuhörer notieren sich alle wichtigen Informationen in einer eigenen „Formelsammlung".

DIFFERENZIERUNG

Es können weitere Körper (z. B. dreieckige Pyramide) hinzugenommen werden.

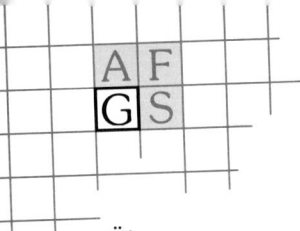

Volumen und Oberflächen von Körpern –
Körper-Quartett

Üben

Inhaltsbezogene Kompetenz:
Schätzen und Bestimmen von Oberflächen und
Volumina verschiedener Körper, Berechnen von
geometrischen Größen

Prozessbezogene Kompetenz:
AK16, AK17, P15, P16

Sozialform: GA (4er-Gruppen)

Zeit: 15 min

Material: ,
Quartett-Karten und Musterlösung (KV),
ca. 32 Jetons

VORBEREITUNG

Durch Kopieren und Ausschneiden der Quartett-Karten werden verschiedene Quartette erstellt – ein Quartett enthält vier zusammen-
passende Karten entweder zur Oberfläche oder zum Volumen eines
Körpers (Formel, Maße, Lösung, Skizze). Jeweils vier solcher Quartette
(von vier unterschiedlichen Körpern) werden zu einem Quartett-Set
mit 16 Karten zusammengestellt, wobei die Quartette innerhalb eines
Sets entweder ausschließlich zur Oberflächenberechnung oder aus-
schließlich zur Volumenberechnung gehören.
Die Klasse bildet Gruppen mit jeweils vier Schülern. An jedem 4er-Tisch
und an einem weiteren Tisch werden vier Jetons sowie je ein Quartett-
Set verdeckt und gemischt ausgelegt (die Sets an den verschiedenen
Tischen unterscheiden sich durch verschiedene Kombination von
Körpern: Z. B. besteht das Set an Tisch 1 aus Quartetten zu Prisma,
Zylinder, Kugel und Quader, das Set an Tisch 2 aus Quartetten zu
Würfel, Kegel, Quader und quadratischer Pyramide etc.). Darüber
hinaus wird eine Musterlösung (unzerschnittene KV) bereitgelegt.

VERLAUF

- Jeder der vier Schüler an einem Tisch zieht vier Karten.
- Durch Fragen an die Mitschüler versucht jeder, vier zusammen-
  gehörige Karten zu bekommen. Der erste Schüler stellt einem be-
  liebigen Mitschüler eine Ja/Nein-Frage (z. B. „Hast du eine Skizze?"
  oder „Hat eine deiner Karten etwas mit einem Kegel zu tun?").
  Bejaht der Gefragte, muss er dem Fragensteller die entsprechende
  Karte aushändigen. Letzterer ist noch einmal an der Reihe. Bei einer
  Nein-Antwort darf der nächste Schüler im Uhrzeigersinn eine Ja/
  Nein-Frage formulieren.
- Wer ein vollständiges Quartett hat, legt es offen auf den Tisch und
  kontrolliert es an der Musterlösung. Ist es richtig, bekommt der
  Schüler einen Jeton.
- Während die anderen Gruppenmitglieder die Partie zu Ende führen,
  lässt der Gewinner seine Karten an dem Tisch liegen und besetzt
  einen leeren Platz an einem anderen Tisch. Mit den dortigen Schü-
  lern beginnt er eine neue Partie.
- Sobald auch seine ursprünglichen Gruppenmitglieder fertig sind,
  füllen auch sie einen neuen Tisch auf.

DIFFERENZIERUNG

Für leistungsstärkere Schüler bietet es sich an, innerhalb der Quartett-
Sets Quartette zur Oberflächen- und Volumenberechnung zu mischen.

Volumen und Oberflächen von Körpern –
Quartett-Karten

Zeilen für Oberflächen-Quartette   *Zeilen für Volumen-Quartette*

Formel	Maße	Lösung	Skizze	Formel	Maße	Lösung
O $= 2\pi r^2 + 2\pi rh$ $= 2\pi r\,(r+h)$	$r = 2$ $h = 5$	$O = 28\pi$		$V = \pi r^2 h$	$r = 2$ $h = 5$	$V = 20\pi$
O $= \pi r^2 + \pi rs$ $= \pi r\,(r+s)$	$r = 3$ $s = 5$	$O = 24\pi$		$V = \frac{1}{3}\pi r^2 h$	$r = 3$ $h = 4$	$V = 12\pi$
O $= \frac{\sqrt{3}}{2} a^2 + 3ah$	$a = 4$ $h = \sqrt{3}$	$O = 20\sqrt{3}$		$V = \frac{\sqrt{3}}{4} a^2 h$	$a = 4$ $h = \sqrt{3}$	$V = 12$
$O =$ $a^2 + 2as$	$a = 5$ $s = 3$	$O = 55$		$V = \frac{1}{3} a^2 h$	$a = 5$ $h = 3$	$V = 25$
$O = 4\pi r^2$	$r = 3$	$O = 36\pi$		$V = \frac{4}{3}\pi r^3$	$r = 3$	$V = 36\pi$
$O =$ $2ab + 2ac + 2bc$ $= 2(ab + ac + bc)$	$a = 2$ $b = 3$ $c = 5$	$O = 62$		$V = abc$	$a = 2$ $b = 3$ $c = 5$	$V = 30$
$O = a^2\sqrt{3}$	$a = 6$	$O = 36\sqrt{3}$		$V = \frac{\sqrt{3}}{12} \cdot a^3$	$a = 3\sqrt{27}$	$V = 6$
$O = 6a^2$	$a = 3$	$O = 54$		$V = a^3$	$a = 3$	$V = 27$

© Verlag an der Ruhr | Autorinnen: K. Barth, S. Müller | ISBN 978-3-8346-2400-0 | www.verlagruhr.de

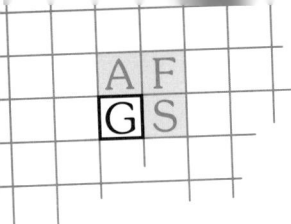

Transformationen von Normalparabeln –
Das Parabelkomplott

Inhaltsbezogene Kompetenz:
Deuten von Parametern der Termdarstellungen quadratischer Funktionen in der grafischen Darstellung; Darstellen von quadratischen Funktionen mit eigenen Worten, in Graphen und in Termen und Wechseln zwischen diesen Darstellungen

Prozessbezogene Kompetenz:
AK16, AK18, P15, P17

Sozialform: PA

Zeit: 30 min

Material:
Funktionskarte pro S (BKV, S. 166), 4 Säckchen

VORBEREITUNG

$$f(x) = x^2 + e_1$$

$$f(x) = x^2 + e_1$$

Die Funktionen $f(x) = x^2 + e$, $g(x) = (x - d)^2$, $h(x) = ax^2$ und $k(x) = -x^2$ werden von der Lehrperson auf Karten (BKV) geschrieben, sodass es für jeden Schüler eine Funktionskarte gibt. Dabei werden die Parameter e, d und a im Index nummeriert. Es gibt jede Funktionskarte genau 2-mal. Lediglich die Funktion $k(x)$ kann öfter vorkommen.
Die Karten werden nun so auf die Säckchen verteilt, dass immer zwei gleiche Funktionskarten zusammen in einem Säckchen (z. B. 2-mal $f(x) = x^2 + e_1$, 2-mal $f(x) = x^2 + e_2$, 2-mal $k(x) = -x^2$ usw., vgl. Skizze) liegen. Dabei sollte die Gesamtanzahl der Karten pro Säckchen möglichst gleich sein.

VERLAUF

- Jeder Schüler zieht aus einem beliebigen Säckchen eine Funktionskarte und sucht seinen Partner mit der gleichen Funktion.
- Jeder Schüler zeichnet eine der Funktion entsprechende Parabel in ein Koordinatensystem, wobei er eine beliebige Zahl für den Parameter e, d oder a einsetzt.
- Die Partner tauschen ihre Zeichnungen aus, und jeder Schüler muss anhand der Zeichnung den Wert des Parameters herausfinden.
- Die Partner kontrollieren sich gegenseitig und stellen dann gemeinsam eine Vermutung darüber auf, wofür der Parameter in der Funktion verantwortlich ist (z. B. Parameter e → Verschiebung auf der y-Achse).
- Eine neue Runde beginnt. Jeder Schüler legt seine Funktionskarte zurück in das erste Säckchen und zieht nun aus einem anderen Säckchen eine neue Funktionskarte.
- Insgesamt werden vier Runden gespielt, sodass jeder Schüler einmal aus jedem der Säckchen eine Karte gezogen hat.

DIFFERENZIERUNG

- In schwächeren Gruppen können die Parameter und entsprechende Wertetabellen vorgegeben werden.
- In stärkeren Gruppen können zusätzliche Funktionskarten mit Kombinationen der Teilprobleme (z. B. $f(x) = a \cdot (x - d)^2 + e$) angeboten werden.

Transformationen von Normalparabeln –
Speed-Parabel-Dating

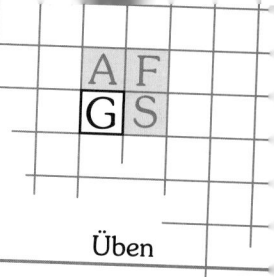

Inhaltsbezogene Kompetenz:
Darstellen von quadratischen Funktionen mit eigenen Worten in Graphen und Termen, Deuten der Termdarstellungen von quadratischen Funktionen in der grafischen Darstellung

Prozessbezogene Kompetenz:
AK16, AK18, P16, P17

Sozialform: PA

Zeit: 15 min

Material:
Aufgabenkarten (KV), rotes und gelbes Papier, ca. 225 Speedkronen (Jetons)

VORBEREITUNG

Die Lehrperson stellt die Aufgabenkarten her, wobei ein Term immer auf die Rückseite der dazugehörigen Zeichnung kopiert wird. Terme/Zeichnungen, die eine Verschiebung in x- oder y-Richtung ergeben (schwarze Graphen), werden dafür auf rotes Papier kopiert, Terme/Zeichnungen mit einer Stauchung oder Streckung (graue Graphen) auf gelbes Papier und die restlichen Terme/Zeichnungen (Kombination aus beiden Transformationen; gestrichelte Graphen) auf weißes Papier. Es werden zwei Stuhlkreise mit gleich vielen Stühlen ineinander aufgestellt. Im inneren Stuhlkreis sitzen möglichst nur Mädchen, die den Jungen im äußeren Stuhlkreis zugewandt sind. Zwischen den inneren und äußeren Stühlen liegen jeweils 15 Speedkronen, eine rote, eine gelbe und eine weiße Aufgabenkarte auf dem Boden. Jeder Schüler zeichnet ein Koordinatensystem.

VERLAUF

- Der Junge sucht sich eine Farbe (weiß, gelb oder rot) aus, das Mädchen zeigt ihm eine der beiden Seiten der entsprechenden Aufgabenkarte.
- Der Junge muss, je nach Kartenseite, entweder den zugehörigen Term nennen oder den Term in sein Koordinatensystem zeichnen. Ein Gespräch mit dem Mädchen über die Lösung ist erlaubt.
- Anschließend wird die Schülerlösung mit der Lösung auf der Rückseite der Aufgabenkarte verglichen.
- Ist die Lösung richtig, erhält der Junge Speedkronen: Weiße und rote Karten liefern eine, gelbe Karten drei Speedkronen.
- Wer sein Speed-Date bereits beendet hat, darf seinem Gegenüber eine persönliche Frage stellen oder weitere Aufgaben bis zum Signal lösen.
- Auf ein Signal (Zeitrahmen nach Gefühl – es sollten möglichst alle Schüler die Aufgabe beendet haben) rutscht der Innen- oder der Außenkreis eine beliebig vorgegebene Anzahl von Stühlen mit oder gegen den Uhrzeigersinn weiter, sodass neue Paare entstehen. Gewonnene Speedkronen werden mitgenommen.
- Nun erhalten die Mädchen die nächste Aufgabe (♂/♀abwechselnd).
- Der Schüler mit den meisten Speedkronen nach der von der Lehrperson vorgegebenen Rundenzahl ist Speed-Dating-König.

DIFFERENZIERUNG

Leichter wird es, wenn nur eine Transformationsart behandelt wird.

© Verlag an der Ruhr | Autorinnen: K. Barth, S. Müller | ISBN 978-3-8346-2400-0 | www.verlagruhr.de

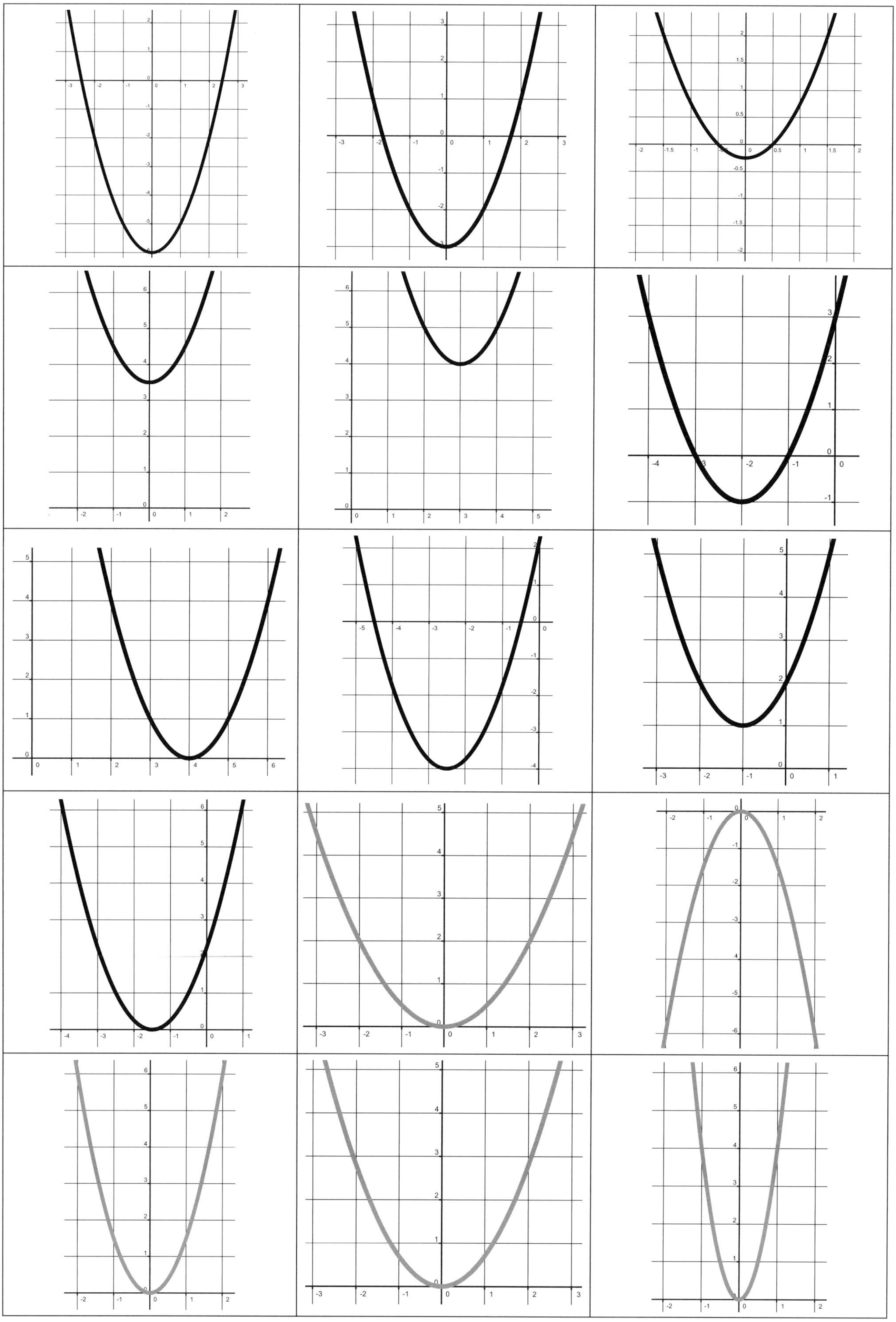

$f(x) = x^2 - \dfrac{1}{4}$	$f(x) = x^2 - 3$	$f(x) = x^2 - 6$
$f(x) = (x + 2)^2 - 1$	$f(x) = (x - 3)^2 + 4$	$f(x) = x^2 + 3{,}5$
$f(x) = (x + 1)^2 + 1$	$f(x) = (x + 2{,}5)^2 - 4$	$f(x) = (x - 4)^2$
$f(x) = -1{,}5x^2$	$f(x) = \dfrac{1}{2}x^2$	$f(x) = (x + \dfrac{3}{2})^2$
$f(x) = 4x^2$	$f(x) = 0{,}7x^2$	$f(x) = 1{,}5x^2$

© Verlag an der Ruhr | Autorinnen: K. Barth, S. Müller | ISBN 978-3-8346-2400-0 | www.verlagruhr.de

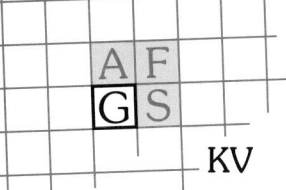
© Verlag an der Ruhr | Autorinnen: K. Barth, S. Müller | ISBN 978-3-8346-2400-0 | www.verlagruhr.de

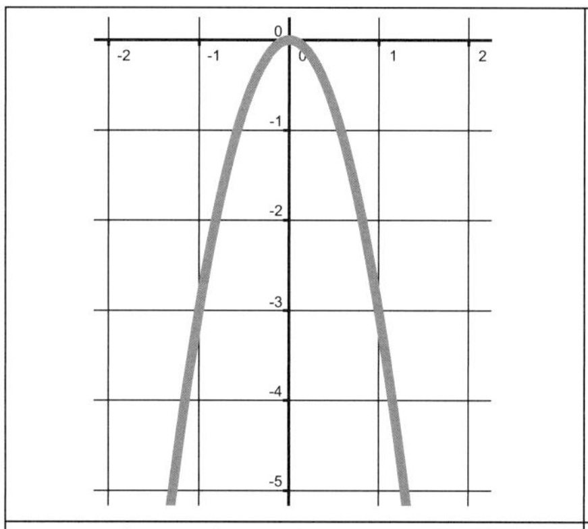

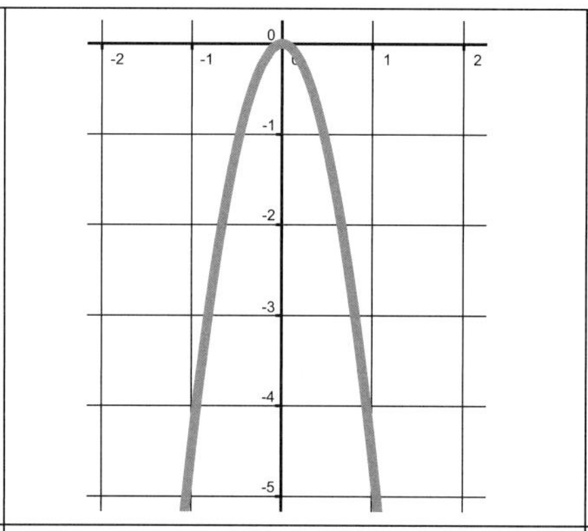

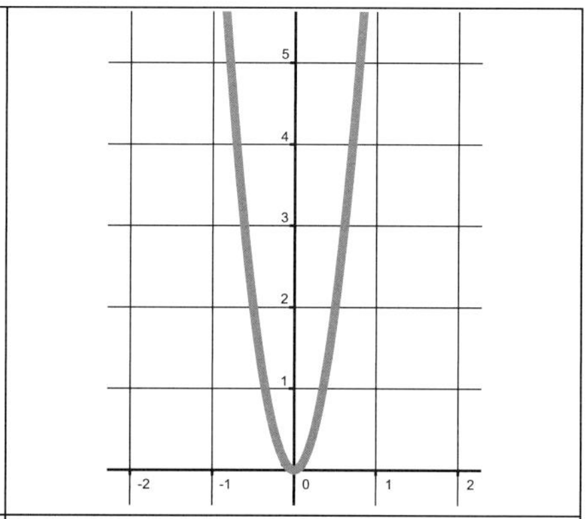

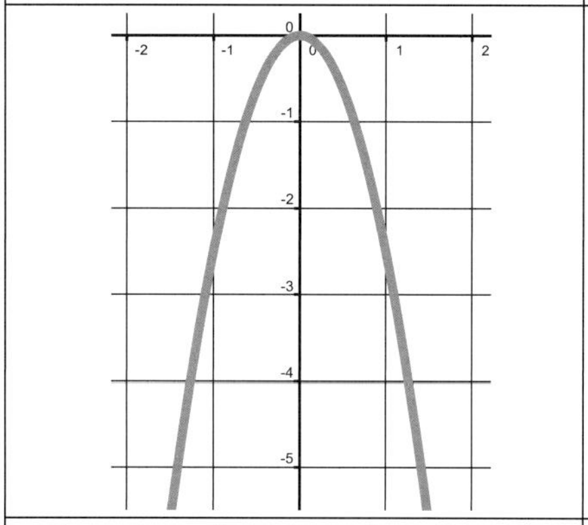

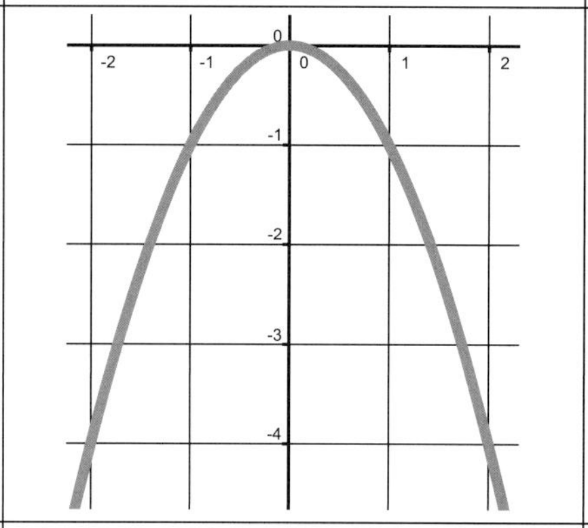

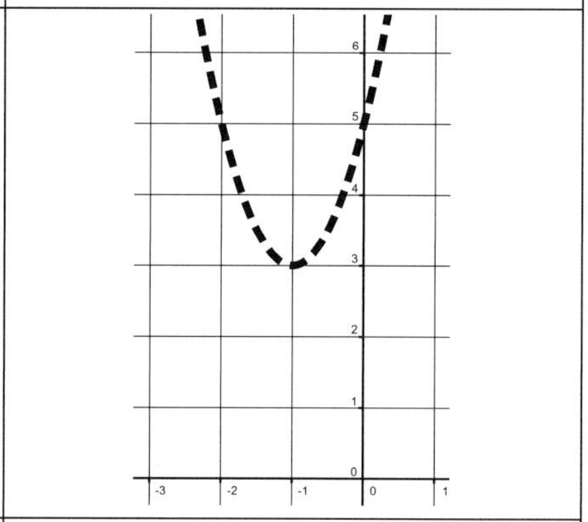

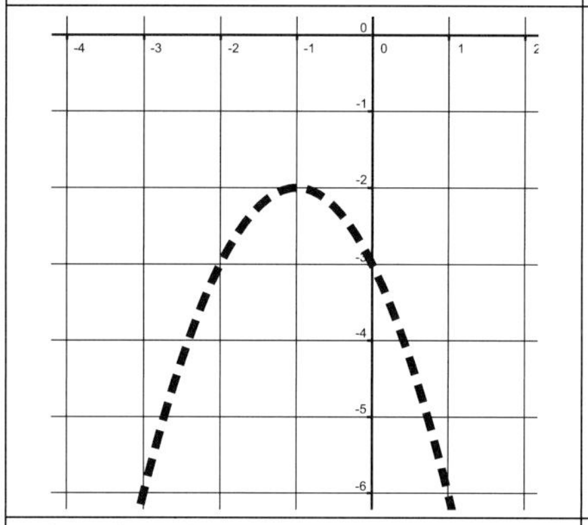

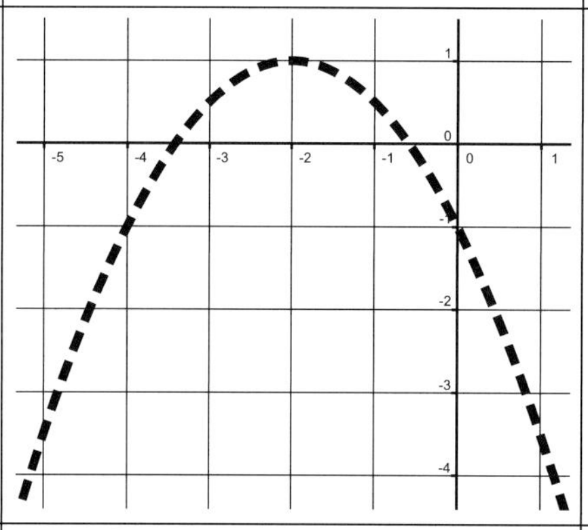

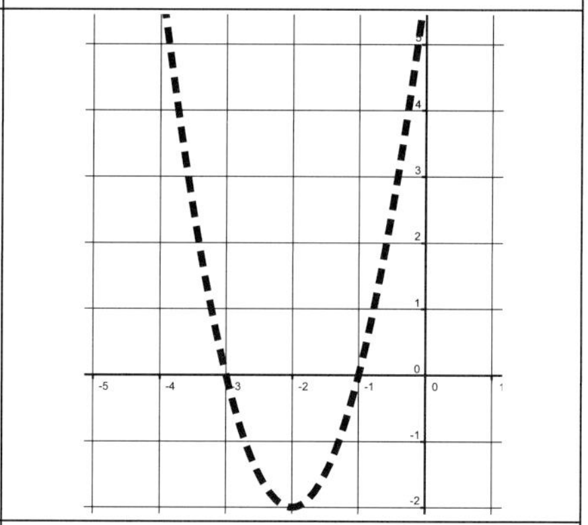

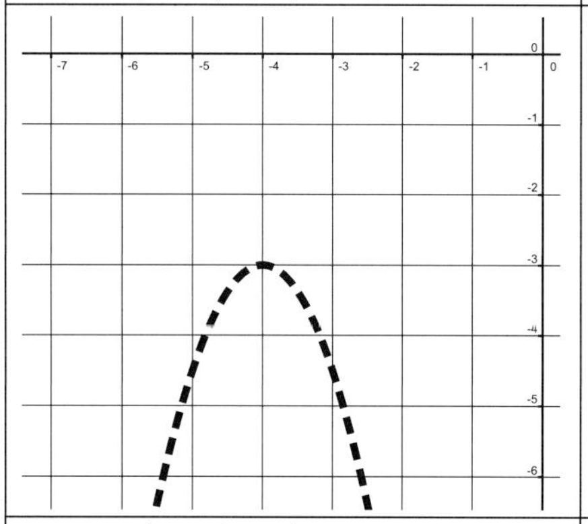

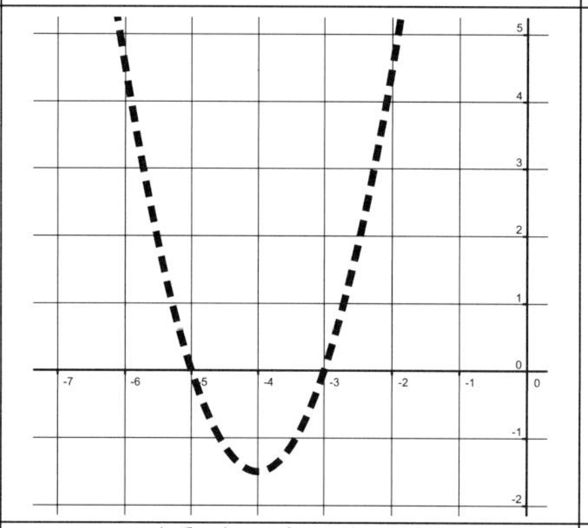

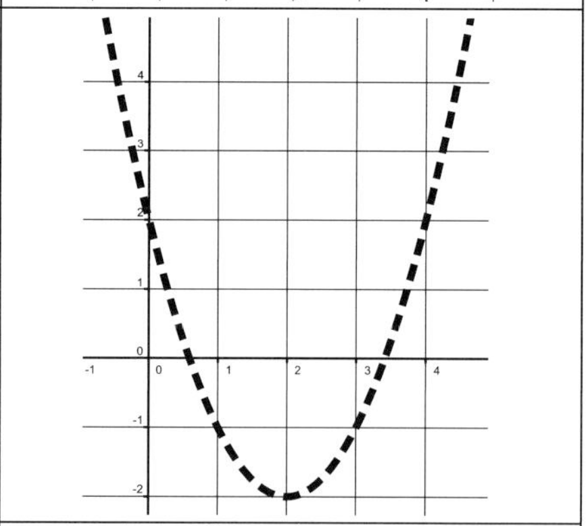

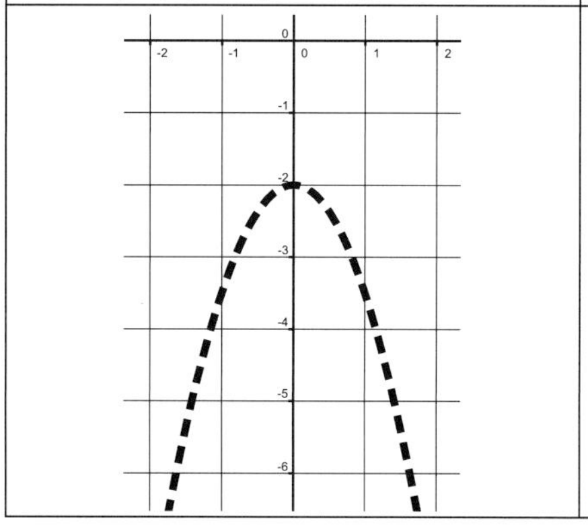

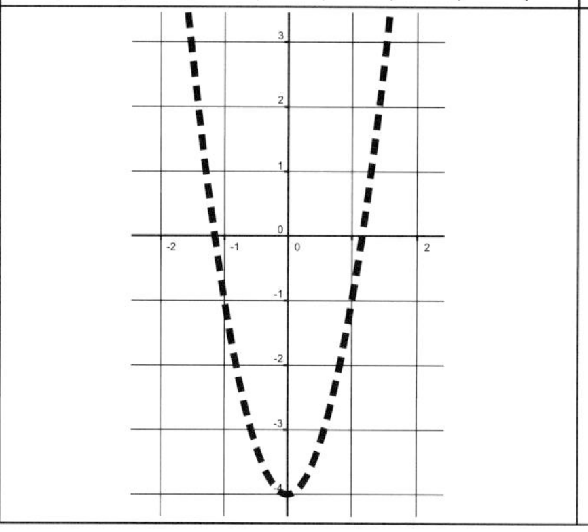

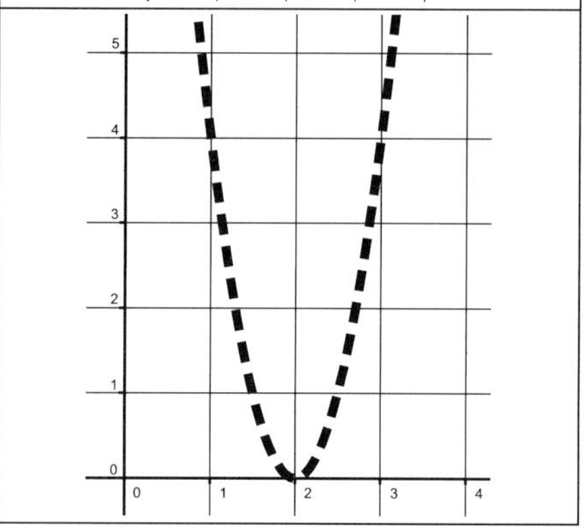

$f(x) = 8x^2$	$f(x) = -4{,}5x^2$	$f(x) = -3x^2$
$f(x) = 2(x + 1)^2 + 3$	$f(x) = -x^2$	$f(x) = -2{,}5x^2$
$f(x) = 2(x + 2)^2 - 2$	$f(x) = -\dfrac{1}{2}(x + 2)^2 + 1$	$f(x) = -(x + 1)^2 - 2$
$f(x) = (x - 2)^2 - 2$	$f(x) = 1{,}5(x + 4)^2 - 1{,}5$	$f(x) = -\dfrac{3}{2}(x + 4)^2 - 3$
$f(x) = 4(x - 2)^2$	$f(x) = 3x^2 - 4$	$f(x) = -1{,}5x^2 - 2$

© Verlag an der Ruhr | Autorinnen: K. Barth, S. Müller | ISBN 978-3-8346-2400-0 | www.verlagruhr.de

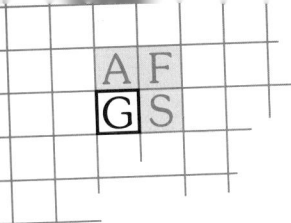

Satz des Pythagoras –
VIPythagoras

Verstehen

Inhaltsbezogene Kompetenz:
Berechnen von geometrischen Größen und
Verwenden des Satzes des Pythagoras

Prozessbezogene Kompetenz:
AK17, AK18, P16, W07

Sozialform: GA (7 Gruppen)

Zeit: 90 min

Material:
Beweismaterial (KV), Knotenseil (durch Knoten in
12 gleichlange Abschnitte geteilt), 7 Formelsammlungen, DIN-A3-Zettel und Stifte für die Plakate

---

VORBEREITUNG

Vor Phase 3 erhält jede Gruppe einen der sechs Beweise von der KV
sowohl komplett als auch in seine Einzelteile zerschnitten, bzw. die
Zeichnung und ein Knotenseil. Außerdem erhält jede Gruppe das
Material zur Plakaterstellung.

VERLAUF

Phase 1: „Herr Pythagoras in der heutigen Welt" (Hausaufgabe)
- Die Lehrperson verpackt ein Treffen mit Herrn Pythagoras in eine in-
  teressante Geschichte (z. B. „Du triffst Herrn Pythagoras in der Tanzschule.") und gibt den Schülern den Auftrag, Informationen über
  diesen Herrn zu recherchieren (z. B. Arbeitsplatz, Alter, Wohnort etc.).

Phase 2: „Herr Pythagoras, der VIP"
- Die Ergebnisse der Hausaufgabe werden in der Klasse besprochen.
- Die Schüler finden mithilfe von Formelsammlungen und Internet
  heraus, was Pythagoras mit rechtwinkligen Dreiecken zu tun hat.
- Diese Ergebnisse schreiben die Schüler auf kleine Notizzettel, wobei
  nur Formeln und Begriffe, wie z. B. „Hypotenuse" oder „Kathete",
  jedoch keine Skizzen erlaubt sind. Die Zettel werden mit Namen
  versehen und durchmischt, sodass durch zufällige Ziehung sieben
  Gruppen gebildet werden.
- Vor Beginn der dritten Phase sollte der Satz des Pythagoras gemeinsam besprochen werden.

Phase 3: „Beweise erarbeiten und anpreisen"
- Die Gruppen erhalten das o. g. Material, um nun den Beweis bzw. die
  Umkehrung des Satzes des Pythagoras durchzuführen. Die Schüler
  beweisen den Satz mithilfe der jeweiligen Beweisskizze, indem sie
  durch Vergleichen und Übereinanderlegen der einzelnen Flächen-
  stücke die verschiedenen Flächeninhalte der Figuren ermitteln,
  bzw. das Knotenseil ausprobieren.
- Jede Gruppe gestaltet zum Beweis des Satzes des Pythagoras ein
  Plakat und stellt es den Mitschülern vor, wobei jede Gruppe ihren
  Beweis als den besten anpreist.
- Es wird gemeinsam über die verschiedenen Beweise diskutiert
  und festgestellt, dass das „Knotenseil" kein Beweis, sondern die
  Umkehrung des Satzes ist.

Phase 4: „Der Satz des Pythagoras in der heutigen Welt"
- Der Nutzen (Seiten- statt Flächenberechnung) des Satzes des
  Pythagoras in der heutigen Mathematik wird abschließend geklärt.

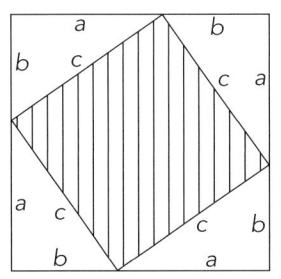

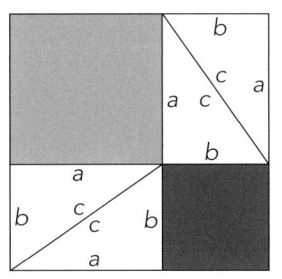

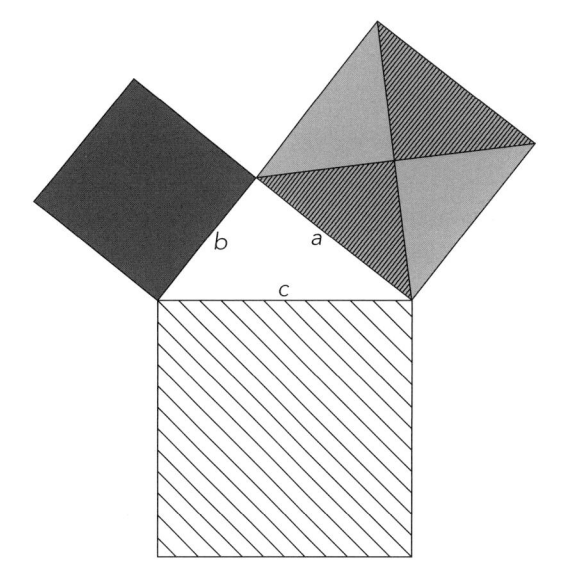

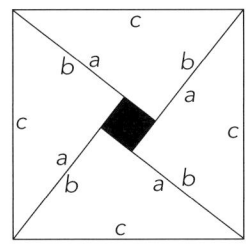

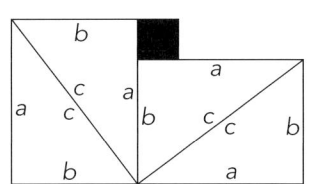

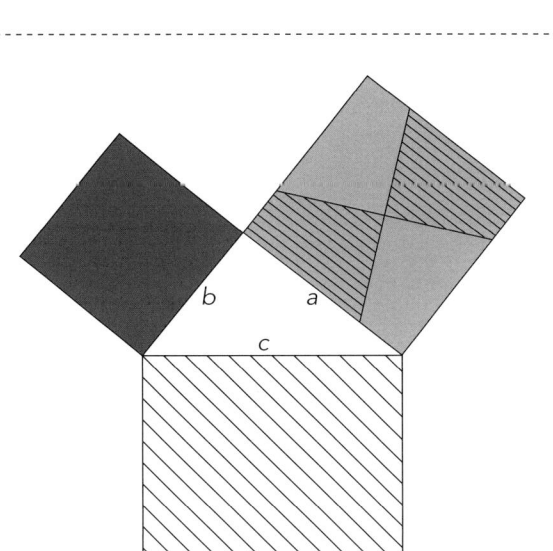

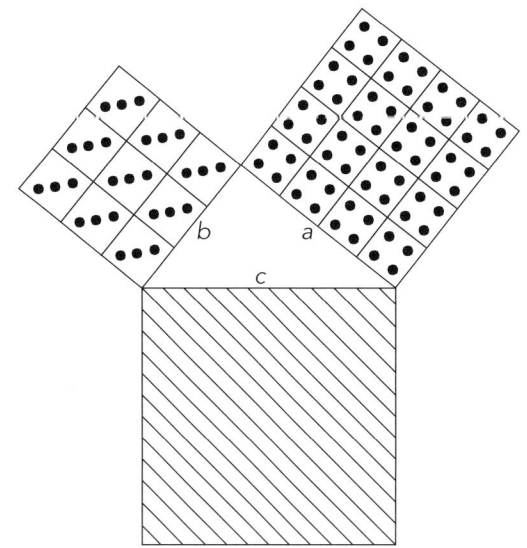

Schon vor 4000 Jahren haben die Ägypter und Babylonier rechtwinklige Dreiecke abgesteckt, um ihre Felder zu vermessen. Dazu benutzten sie ein Seil, das durch einzelne Knoten in 12 gleich lange Abschnitte unterteilt ist.

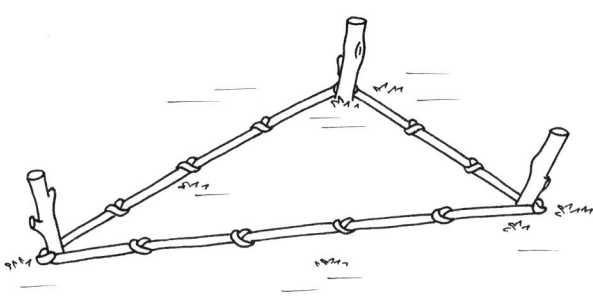

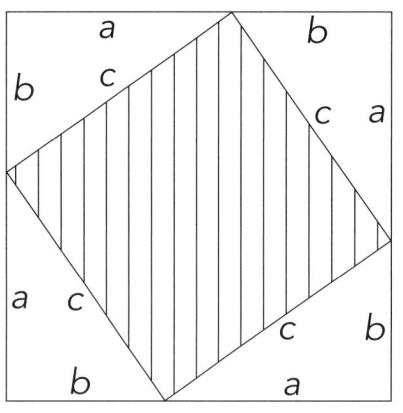

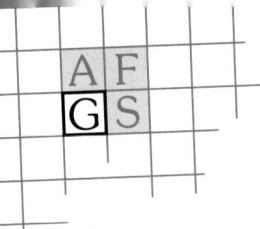

Satz des Pythagoras –
Heimspiele der Weltmeisterschaft

Üben

Inhaltsbezogene Kompetenz:
Berechnen von geometrischen Größen und
Verwenden des Satzes des Pythagoras

Prozessbezogene Kompetenz:
AK17, P15, M08

Ort: Schulhof/Sporthalle

Sozialform: GA (6 Gruppen)

Zeit: 45 min

Material:
24 Aufgabenkarten (Beispiele: KV), 6 Kisten (z. B.
Schuhkartons), Schreibmaterial und 1 Taschenrechner
pro S, 6 Würfel, Bonus-Liste (KV), 6 gelbe Karten,
6 rote Karten, 6 Volleybälle, 2 Basketbälle,
2 Fußbälle, 1 Tischtennisplatte, 1 Badmintonball,
1 Badmintonschläger, 1 Handball, 1 (Hockey-)Stock,
2 Tennisbälle, Kreppband, 1 Maßband

VORBEREITUNG

Die Lehrperson erstellt 24 verschiedene Aufgabenkarten, deren
Themen sich auf die großen Sportspiele beziehen (z. B. Fuß-, Hand-,
Volley- und Basketball sowie Hockey, Tischtennis und Badminton; siehe
Beispielaufgaben auf der KV). Es werden je vier Aufgabenkarten in
sechs Kisten gelegt. Die vier Aufgabenkarten in jeder Kiste werden
mit den Buchstaben A bis D versehen.
Die Schüler bilden sechs Gruppen und erhalten je eine Kiste, auf die sie
ihre Gruppennummer (1–6) und ein beliebiges Land schreiben, dass sie
bei der anstehenden WM repräsentieren (z.B: „4 – Portugal"). Die Kisten werden auf dem Schulhof bzw. in der Sporthalle durcheinander
aufgestellt. Jede Gruppe legt an einem beliebigen Ort – ihrer Hauptstadt (z. B. „Lissabon") – Schreibmaterial und Taschenrechner bereit
und deponiert dort auch einen Würfel sowie die Bonus-Liste (KV).
Die Lehrperson legt die benötigten Sportutensilien für die Bonus-
Bewegungen aus und klebt für die Torschusswand zwei Quadrate an
die Sporthallen-/Schulgebäudewand sowie für die Volleyball-Übung
ein Quadrat auf den Boden.

VERLAUF

■ Jede Gruppe ist in ihrer Hauptstadt und würfelt. Entsprechend der
  Augenzahl wird aus der nummerierten Kiste die Aufgabe A geholt
  (ist diese bereits entnommen, wird Aufgabe B geholt usw.).
■ Alle Schüler berechnen gleichzeitig die Aufgabe.
■ Ist die Aufgabe von allen Mitgliedern einer Gruppe richtig gelöst
  (Lehrerkontrolle), führen alle eine beliebige Bonusbewegung durch
  (alternativ kann die Übung auch mit einem 10er-Würfel bestimmt
  werden) und erspielen sich so gemeinsam Punkte. Dafür zählt die
  Gruppe gemeinsam und die Lehrperson notiert die erreichte Punkte-
  zahl.
■ Ist die Aufgabe von einem Schüler falsch gelöst, bekommt die
  Gruppe von der Lehrperson eine gelbe Karte. Die Aufgabe wird
  korrigiert und es wird keine Bewegung ausgeführt (die Gruppe bekommt für diese Runde also keine Punkte). Wird eine weitere Aufgabe falsch gelöst, wird eine rote Karte verteilt und die Gruppe erhält 10 Minuspunkte. Die Aufgabe wird korrigiert und es wird keine
  Bewegung ausgeführt (erneuter Fehler ➜ wieder gelbe Karte usw.).

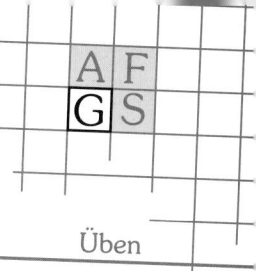
- Die Aufgabenkarten werden in die entsprechende Kiste zurück-gelegt.
- Nach der Ausführung der Bewegung beginnt für die entsprechen-de Gruppe eine neue Runde, es werden weitere Aufgaben auf die gleiche Weise bearbeitet. Wird ein Land erneut gewürfelt, löst die Gruppe Aufgabe B (bzw. die erste ungelöste Aufgabe).
- Würfelt eine Gruppe ihr eigenes Land, erhält sie einen Sonderpunkt. Würfelt sie zum dritten Mal ihr eigenes Land, darf sie sofort die Bonusbewegung ausführen und Punkte sammeln, ohne eine Auf-gabe zu berechnen.
- Die Gruppe/das Land, die/das nach der vorgegebenen Zeit die meisten Punkte gesammelt hat, gewinnt die WM.

DIFFERENZIERUNG   Es können weiterführende Aufgaben (z. B. zur Flächenberechnung) hinzugenommen werden.

Beispiel für eine Volleyball-Aufgabe

Ein Volleyballnetz ist 2,43 m hoch, eine Spielfeldhälfte 9 m lang. Ein Ball wird direkt an der Netzkante getroffen und auf die Auslinie geschlagen. Berechne den direkten Weg des Balles.

(Lösung: 9,32 m)

Beispiel für eine Fußball-Aufgabe

Ein Fußballtor ist 2,44 m hoch und 7,32 m breit. Ein Elfmeterschütze trifft genau ein Lattenkreuz. Berechne die Entfernung zum Lattenkreuz.

(Lösung: 12,61 m)

Beispiel für eine Basketball-Aufgabe

Ein Basketballfeld ist 15 m breit und 28 m lang. Die Entfernung von der Grundlinie zur Freiwurflinie beträgt 5,80 m. Berechne den direkten Weg eines Einwerfers an der Mittellinie zum Mittelpunkt der Freiwurflinie.

(Lösung: 11,11 m)

		Bonus-Liste	
	Sportart	**Bewegung**	**Punkte**
I	Volleyball	10-mal im Kreis pritschen/baggern (max. 3 Versuche)	je Ballkontakt in Folge: 1
II	Basketball	6-mal Freiwurf	je Treffer: 2 je Ringberührung: 1
III	Fußball	10-mal mit Partner zuköpfen (max. 3 Versuche)	je Kopfball in Folge: 1
IV	Tischtennis	Rundlauf mit Tennisball: 10 Ballberührungen in Folge (mit den Händen; ohne Ausscheiden; max. 3 Versuche)	je Ballberührung in Folge: 1
V	Badminton	10-mal Badmintonball mit 1 Schläger gemeinsam hochhalten (Schläger weitergeben; max. 3 Versuche)	je Erfolg in Folge: 1
VI	Handball	6-mal Mülleimer/Kasten aus 7 m Entfernung mit Handball treffen	je Treffer: 2
VII	Hockey	6-mal Tennisball mit Stock flach an die Wand schlagen, sodass er möglichst nah an der Wand liegen bleibt	≤1m Abstand zur Wand: 2 1–2m Abstand zur Wand: 1
VIII	Volleyball	10-mal das Krepp-Quadrat auf dem Boden im Pritschen/Baggern treffen	je Treffer: 1
IX	Fußball	10-mal Torschuss auf die Krepp-Quadrate an der Wand	je Treffer oben: 3 je Treffer unten: 1
X	Basketball	10-mal Dribbelweitergabe (jeder dribbelt 3x, dann direkt der nächste)	je Dribbelweitergabe: 1

© Verlag an der Ruhr | Autorinnen: K. Barth, S. Müller | ISBN 978-3-8346-2400-0 | www.verlagruhr.de

Sinus, Kosinus und Tangens –
Märchenhafte Perspektive

Inhaltsbezogene Kompetenz:
Anwenden von Definitionen von Sinus, Kosinus und Tangens; Beschreiben und Begründen von Ähnlichkeitsbeziehungen geometrischer Objekte

Prozessbezogene Kompetenz:
AK16, AK17, M07, W06

Sozialform: GA (6er-Gruppen)

Zeit: 45 min

Material:
Tabelle, Satzkarten und Definitionsabschnitt (KV), 1 Taschenrechner pro S, Kreppband

VORBEREITUNG

Voraussetzung ist die Kenntnis der Begriffe „Kathete" und „Hypotenuse". Die Schüler bilden 6er-Gruppen. Für jede Gruppe wird jeweils einmal

- α-Apunzel
- β-Bornröschen
- γ-Chewittchen
- aensel
- beisenherz
- cumpelstilzchen

auf Kreppband geschrieben und den einzelnen Gruppenmitgliedern sichtbar angeklebt.
Jeder Schüler erhält die Tabelle von der KV. Außerdem werden die sechs bzw. vier Satzkarten für jeden Schüler vervielfältigt (abhängig von seinem Märchennamen) und bereitgelegt (aber noch nicht ausgeteilt).

VERLAUF

- Jede Gruppe stellt gemeinsam ein Dreieck auf: Die Eckpunkte **A**punzel, **B**ornröschen und **C**hewittchen (rechter Winkel) stellen sich auf (ggf. an Bodenfliesen orientieren) und die Seiten **a**ensel, **b**eisenherz und **c**umpelstilzchen legen sich zwischen die Eckpunkte auf den Boden.

- Ein Schüler der Gruppe misst die Seitenlängen mit den eigenen Füßen (ganzzahlig). Die Werte werden in die erste Zeile der Tabelle eingetragen. Anschließend berechnet die Gruppe die Seitenverhältnisse (z. B. $= \frac{\text{aensel}}{\text{cumpelstilzchen}} = \frac{10 \text{ Fuß}}{16 \text{ Fuß}} = 0{,}625$ Fuß).

- Danach wird das Dreieck vergrößert (in der dritten Runde verkleinert): **A**punzel und **B**ornröschen gehen die gleiche Anzahl an gleich großen Füßen auf der verlängerten Seitengerade b bzw. a vor (in der dritten Runde zurück); **C**hewittchen bleibt stehen und markiert weiterhin den rechten Winkel. Die Seiten werden wieder gemessen und die Schüler füllen die zweite Tabellenzeile aus.

- Dieser Ablauf wird mindestens 2-mal wiederholt.

- Die Schüler stellen eine Vermutung über die Seitenverhältnisse auf.

- Die Definitionen von Sinus, Kosinus und Tangens werden anhand des Definitionsabschnitts gemeinsam besprochen.

- Die Lehrperson verteilt die entsprechenden Satzkarten an α-**A**punzel, β-**B**ornröschen und γ-**C**hewittchen (je sechs Karten) sowie **a**ensel, **b**eisenherz und **c**umpelstilzchen (je vier Karten). Die Satzanfänge werden reihum in beliebiger Reihenfolge vorgelesen und gemeinsam vervollständigt (z. B.: α-**A**punzel: Mein Sinus ist $\frac{\text{aensel}}{\text{cumpelstilzchen}}$).

DIFFERENZIERUNG

Die Lösungen der Satzkarten können zur Selbstkontrolle auf deren Rückseiten notiert werden.

Sinus, Kosinus und Tangens –
Tabelle, Satzkarten und Definitionsabschnitt

Tabelle

	Seitenlängen			Seitenverhältnisse		
	aensel	**b**eisenherz	**c**umpelstilzchen	$\frac{a}{c}$	$\frac{b}{c}$	$\frac{b}{a}$
1. Dreieck						
2. Dreieck						
3. Dreieck						

Satzkarten

Für α-**A**punzel, β-**B**ornröschen und γ-**C**hewittchen:

Mein Sinus ist …	Mein Kosinus ist …	Mein Tangens ist …	$\frac{\textbf{a}\text{ensel}}{\textbf{c}\text{umpelstilzchen}}$ ist für mich …
$\frac{\textbf{b}\text{eisenherz}}{\textbf{c}\text{umpelstilzchen}}$ ist für mich …	$\frac{\textbf{b}\text{eisenherz}}{\textbf{a}\text{ensel}}$ ist für mich …		

Für **a**ensel, **b**eisenherz und **c**umpelstilzchen:

$\frac{\textbf{b}\text{eisenherz}}{\textbf{c}\text{umpelstilzchen}}$ kann … sein.	$\frac{\textbf{b}\text{eisenherz}}{\textbf{a}\text{ensel}}$ kann … sein.	$\frac{\textbf{a}\text{ensel}}{\textbf{c}\text{umpelstilzchen}}$ kann … sein.	Mein Länge ist …

Definitionsabschnitt

Definitionen:

Das Verhältnis der Gegenkathete zur Hypotenuse heißt _____.

Das Verhältnis der Ankathete zur Hypotenuse heißt _____.

Das Verhältnis der Gegenkathete zur Ankathete heißt _____.

© Verlag an der Ruhr | Autorinnen: K. Barth, S. Müller | ISBN 978-3-8346-2400-0 | www.verlagruhr.de

Sinus, Kosinus und Tangens –
Seite gegen Seiten

Inhaltsbezogene Kompetenz:
Berechnen von geometrischen Größen; Anwenden
der Definitionen von Sinus, Kosinus und Tangens

Prozessbezogene Kompetenz:
AK17, P16, W06

Sozialform: EA in GA (4 Gruppen)

Zeit: 20 min

Material:
Aufgabenkarten (BKV, S. 166) mit Lösungsblatt,
4 Säckchen, Kästchentafel, Magnet

VORBEREITUNG

$$\gamma = 90°$$
$$a = 2,5 \text{ cm}$$
$$\beta = 56°$$

$$\alpha = 90°$$
$$b = 5,2 \text{ cm}$$
$$c = 6,5 \text{ cm}$$

Die Lehrperson erstellt mithilfe der BKV 4 x 28 Aufgabenkarten,
auf denen jeweils drei Dreiecksangaben (90°-Winkel mit einem Winkel
und einer Seite oder mit zwei Seiten; vgl. Beispiel links) angegeben
sind, sowie ein dazu passendes Lösungsblatt mit allen fehlenden
Angaben.
Die Schüler bilden vier Gruppen, von denen jede ein Säckchen mit
den 28 Aufgabenkarten erhält. Das Lösungsblatt wird 8-mal kopiert
und ausgelegt. An der Kästchentafel wird jeder Gruppe eine Seite
(rechts, links, oben, unten) zugeordnet. Ein Magnet wird in der Mitte
der Tafel auf einem Kästchenkreuz (vgl. Skizze links) angebracht.

VERLAUF

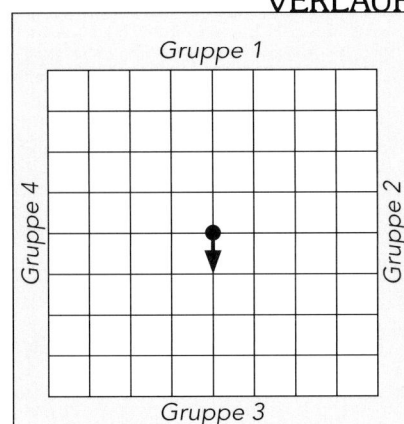

- Jeder Schüler zieht eine Aufgabenkarte aus dem Gruppensäckchen, notiert sich die Werte und steckt die Aufgabenkarte
  wieder zurück.
- Der Schüler löst die Aufgabe unter Anwendung der Definitionen
  von Sinus, Kosinus und Tangens. Dabei ist eine beliebige fehlende
  Größe zu bestimmen.
- Die Aufgabe wird selbstständig mithilfe eines Lösungsblattes
  kontrolliert (Lehrerstichproben sind sinnvoll).
- Ist die Aufgabe richtig gelöst, versetzt der Schüler den Magneten
  bis zur nächsten Kreuzung entlang der Linien in Richtung der gegenüberliegenden Gruppe, dann zieht er eine neue Aufgabenkarte.
  Ist die Aufgabe nicht richtig gelöst, korrigiert der Schüler sie und
  zieht eine neue Karte, ohne den Magneten zu bewegen.
- Die Gruppe, deren Tafelseite der Magnet zuerst erreicht, hat verloren.

DIFFERENZIERUNG

- Es können (zusätzlich) Karten mit Anwendungsaufgaben in die
  Säckchen gelegt werden.
- Bei großen Leistungsspannen bietet es sich an, leistungshomogene
  Gruppen zu bilden, in deren Säckchen sich dem jeweiligen Leistungs-
  stand entsprechende Aufgaben befinden.
- Es werden Berechnungen in beliebigen (nicht nur rechtwinkligen)
  Dreiecken hinzugenommen.

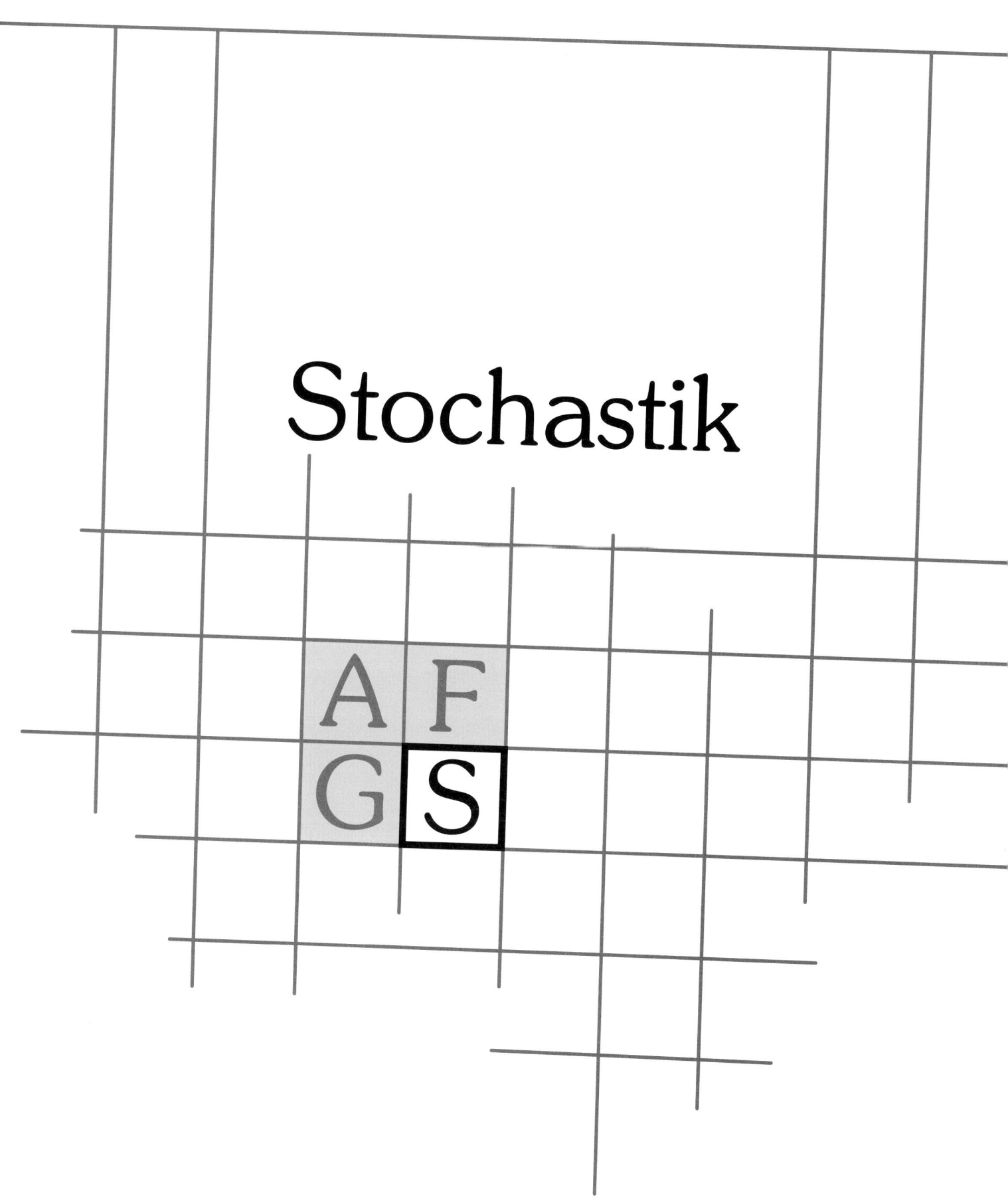

Stochastik

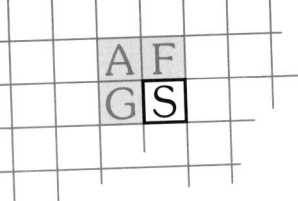

Absolute und relative Häufigkeit – *Automarken-Wettbewerb*

Verstehen

Inhaltsbezogene Kompetenz:
Auswerten von erhobenen Häufigkeitsdaten (Strichliste) und Benennen der absoluten und relativen Häufigkeit

Prozessbezogene Kompetenz:
AK01, AK03, AK06, M01

Ort: Straße und Klassenraum

Sozialform: GA (10 Gruppen)

Zeit: 30 min

Material: feste Schreibunterlage pro Gr

VORBEREITUNG   Die Schüler bilden zehn Gruppen, denen jeweils eine Automarke/ ein Fortbewegungsmittel zugeordnet wird. Für die bevorstehende „Verkehrszählung" sollte an die Verhaltensregeln an einer Straße erinnert werden. Darüber hinaus wird ein Zeitrahmen für die Datenerhebung festgelegt (es bietet sich ein Zeitrahmen von 20 Minuten an).

VERLAUF
- Die Schüler gehen in ihren Gruppen an die Straße (ggf. an unterschiedliche Straßen) und erstellen im vereinbarten Zeitraum eine Strichliste für die ihnen zugeordnete Automarke/das ihnen zugeordnete Fortbewegungsmittel.
- Im Klassenraum erfolgt die Auswertung der Listen.
- Es wird gemeinsam der Begriff der „absoluten Häufigkeit" durch die Anzahl der Autos der einzelnen Marken/Fortbewegungsmittel definiert.
- Anschließend wird die „relative Häufigkeit" mithilfe der Relation der Gesamtanzahl der Autos definiert. Auch die Summenprobe für relative Häufigkeiten wird besprochen.

DIFFERENZIERUNG   Schwieriger wird es, wenn jede Gruppe gleichzeitig mehrere Automarken/Fortbewegungsmittel zählt.

Opel	VW	Audi	Mercedes	BMW	Peugeot	Renault
|||	⩥ ||	||||			||	|||	||

LKW	Bus	PKW	Motorrad	Fahrrad
		|||	⩥ ⩥ ||			⩥	

Absolute und relative Häufigkeit –
Schlager-Queen und Fußball-Fan

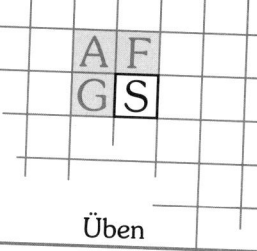

Inhaltsbezogene Kompetenz:
Darstellen von Häufigkeitstabellen und Bestimmen der absoluten und relativen Häufigkeit durch deren Auswertung

Prozessbezogene Kompetenz:
AK02, AK 05, M01, W02

Sozialform: EA, GA

Zeit: 20 min

Material: Umfragetabelle pro Gr

VORBEREITUNG   Die Lehrperson erstellt verschiedene Umfragetabellen (vgl. Skizze unten). Dabei bieten sich Themen wie z. B. Lieblingsfarbe, Lieblingsmusikrichtung (Schlager, Hip Hop, Pop & Rock, Techno, Heavy Metal), Lieblingseissorte (Erdbeere, Vanille, Schokolade, Nuss, Zitrone), Lieblingsfernsehsender (ARD, RTL, SAT1, Pro 7, VOX) oder Lieblingsfußballverein (Borussia Dortmund, Bayer Leverkusen, Bayern München, Werder Bremen, VfB Stuttgart) an. Die Umfragetabellen liegen im Klassenraum verteilt aus. Die Schüler bilden Gruppen, von denen jede einem Umfragethema zugeordnet wird.

VERLAUF
- Zunächst geht jeder Schüler von Tisch zu Tisch und notiert jeweils mindestens einen Strich in jeder Umfragetabelle (Mehrfachnennung möglich).
- Anschließend nimmt sich jede Gruppe die ihr zugeordnete Tabelle und ermittelt durch Auswertung dieser die absolute und relative Häufigkeit ihres Themas.
- Die Gruppen bereiten sich auf eine kurze Präsentation ihrer Tabelle und der Auswertungsergebnisse vor.
- Die gesamte Klasse geht nun von Gruppentisch zu Gruppentisch, wo die jeweilige Gruppe die Umfrageergebnisse des Themas präsentiert.
- Die anderen Schüler überprüfen die Richtigkeit der relativen Häufigkeiten mithilfe der Summenprobe.

DIFFERENZIERUNG   Es kann sich auch jeder Schüler ein eigenes Thema ausdenken und nach der Umfrage die absolute und relative Häufigkeit bestimmen. Die Ergebnisse werden dann von einem Mitschüler kontrolliert.

Lieblingsfarbe				
rot	**gelb**	**grün**	**blau**	**schwarz**

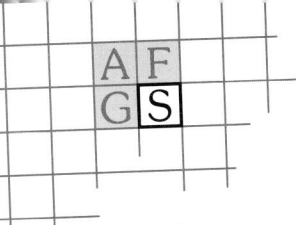

Mittelwert –
Stehaufmännchen

Verstehen

Inhaltsbezogene Kompetenz:
Auswertung von Daten in Bezug auf das
arithmetische Mittel

Prozessbezogene Kompetenz:
AK03, AK04, P02, M01

Sozialform: PA, GA

Zeit: 20 min

Material: Stoppuhr

VORBEREITUNG Zunächst werden die Tische beiseitegestellt. Die Schüler finden sich in Paaren zusammen. Jeweils ein Schüler legt sich für seinen Partner sichtbar auf den Rücken auf den Boden. Die Lehrperson legt die Stoppuhr bereit.

VERLAUF **Phase 1:** Daten erfassen

- Der liegende Schüler hat die Aufgabe, innerhalb von 30 Sekunden so oft wie möglich aus der Rückenlage (liegend) aufzustehen und sich wieder hinzulegen. Die Lehrperson stoppt für alle Paare gleichzeitig die Zeit.
- Der Partner notiert die Anzahl der Wiederholungen.
- Anschließend wird getauscht, sodass jeder Schüler die Aufgabe durchgeführt hat.

Phase 2: Mittelwert berechnen

- Die Schüler vergleichen mit ein bis zwei weiteren Paaren ihre Ergebnisse und begründen, welches Team besser war.
- Die möglichen Lösungsansätze werden besprochen, wobei die Notwendigkeit des Berechnens des Mittelwertes ggf. durch die Lehrperson deutlich gemacht wird.
- Der Mittelwert für jede Gruppe oder die ganze Klasse wird (noch einmal) gemeinsam berechnet.

DIFFERENZIERUNG - Es können alternative Bewegungsaufgaben vorgegeben werden.
- Die Teams können auch mehrere Datenerhebungsrunden mit verschiedenen Bewegungsaufgaben durchführen, bevor sie ermitteln, wer das beste Team war.
- Als Variante eignen sich als Daten-Material auch die Ergebnisse der letzten Bundesjugendspiele.

Mittelwert –
Tee-Gummi-Erbsen-Seil-Olympiade

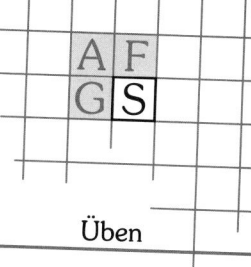

Inhaltsbezogene Kompetenz:
Auswertung von Daten in Bezug auf das
arithmetische Mittel

Prozessbezogene Kompetenz:
AK03, P04, P06, M01

Sozialform: EA, GA

Zeit: 20 min

Material:
Stationskarten mit Punktetabelle (vgl. Skizze),
Material pro Station

VORBEREITUNG

Die Lehrperson bereitet einige Stationen vor, an denen die Schüler
Punkte sammeln, um anhand der erhobenen Daten die Mittelwerte
zu berechnen. Für jede Station wird eine Stationskarte mit Anleitung
und Tabelle erstellt (vgl. Skizze; immer eine Zeile pro Schüler).

Ideen für mögliche Stationen (EA):
- Teebeutelweitwurf
- Seilspringen
- Luft anhalten
- Hula Hoop
- Erbsenzielspucken
- Gummistiefelzielwurf
  mit dem Fuß

Die Stationen werden mit dem
benötigten Material aufgebaut
(ggf. auch auf dem Flur oder Schulhof) und mit der jeweiligen Stations-

> ### Teebeutelweitwurf
>
> Wirf den Teebeutel in die
> Zielzonen, sodass du mög-
> lichst viele Punkte erzielst.
>
> *Zone A = 3 Punkte, Zone B =*
> *2 Punkte, Zone C = 1 Punkt*
>
> | Name | Punkte |
> |------|--------|
> | | |
> | | |

karte bestückt. Dabei sollte darauf geachtet werden, dass die Schüler
noch nicht mit Dezimalzahlen rechnen können. Daher bietet es sich an,
Zielzonen mit ein, zwei oder drei Punkten einzurichten (vgl. Skizze).

VERLAUF

- Die Schüler bearbeiten innerhalb von 5 Minuten so viele Stationen
  wie möglich. Dabei hat jeder Schüler an jeder Station einen Versuch,
  ein Übungsdurchlauf ist erlaubt.
- Die Schüler notieren ihren Namen und ihre Punkte in der an der
  Station liegenden Tabelle.
- Anschließend werden in Gruppen für die einzelnen Stationen die
  Mittelwerte berechnet.
- Es wird gemeinsam verglichen, an welcher Station im Schnitt die
  meisten Punkte erzielt wurden.

DIFFERENZIERUNG

Es werden Umfragen in verschiedenen Klassen (innerhalb eines Jahr-
gangs) durchgeführt, sodass der Klassenmittelwert verglichen werden
kann (Taschengeldsumme, Lieblingsland, Lieblingsfach etc.).

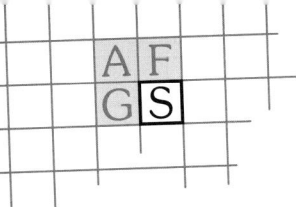

Zufall und Wahrscheinlichkeit –
Ocean's Zufallstheke

Inhaltsbezogene Kompetenz:
Verwenden von einstufigen Zufallsversuchen zur Darstellung zufälliger Erscheinungen in alltäglichen Situationen, Bestimmen von Wahrscheinlichkeiten bei einstufigen Zufallsexperimenten mithilfe von Laplace

Prozessbezogene Kompetenz:
P08, P10, M04, M05

Sozialform: GA (5er-Gruppen)

Zeit: 135 min

Material:
Forschungsaufträge (KV), 4 Würfel, 14 Münzen, 2 32er-Kartenspiele, selbst erstelltes Aufgabenblatt zum Thema „Einstufige Zufallsversuche", Aufgabenblatt „Mensch, ärgere dich nicht!" (KV), 1 „Mensch, ärgere dich nicht!"-Spiel, Aufgabenblatt „Würfel-Wahrscheinlichkeiten" (KV), 5 selbst erstellte Sprüche-/Comic-Karten pro S zum Thema „Zufall" und „Wahrscheinlichkeit", 1 weißer Jeton pro S, je 1 blauer, grüner, roter und schwarzer Jeton pro Gr, Definitionsabschnitt (KV), Belohnung (Gummibärchen o. Ä.)

VORBEREITUNG Es werden vier Tische den Farben blau, grün, rot und schwarz zugeordnet und dementsprechend gekennzeichnet. Die Tische werden mit folgenden Materialien bestückt:

- **Blauer Tisch:** 2 x 4 Forschungsaufträge (KV 1), 4 Würfel, 14 Münzen und 2 32er-Kartenspiele
- **Grüner Tisch:** 1 selbst erstelltes Aufgabenblatt inkl. Lösungen zum Thema „Einstufige Zufallsversuche" pro S (vgl. Beispielaufgaben auf KV; es können auch Aufgaben aus dem Lehrwerk sein. Der Umfang der Aufgaben hängt von der Leistungsstärke der Schüler ab.)
- **Roter Tisch:** 1 Aufgabenblatt „Mensch, ärgere dich nicht!" pro S (KV; Lösungswort: BELGRAD) und ein wie in der Spielaufstellung (s. u.) vorgegeben aufgebautes „Mensch, ärgere dich nicht!"-Spiel
- **Schwarzer Tisch:** 1 Aufgabenblatt „Würfel-Wahrscheinlichkeiten" pro S

Spielaufstellung „Mensch, ärgere dich nicht!" für den roten Tisch

gepunktet = rot
hellgrau = gelb
gestreift = grün
dunkelgrau = blau

Außerdem werden für die Gruppenbildung fünf verschiedene Karten mit einem Spruch oder Comics zum Thema „Zufall" und „Wahrscheinlichkeit" erstellt (vgl. Beispiele S. 155 oben) und so vervielfältigt, dass jeder Schüler eine Karte erhält. Darüber hinaus bekommt jeder Schüler einen weißen Jeton.
Die Lehrperson setzt sich mit den farbigen Jetons, dem pro S kopierten Definitionsabschnitt (KV) und der Kurzanleitung (siehe Tabelle) als Barkeeper an die Theke (einen Tisch).

VERLAUF

Wahrscheinlich regnet es morgen.

Zufällig haben wir uns gestern getroffen.

- Jeweils fünf Schüler mit der gleichen Spruch- bzw. Comic-Karte finden sich zu Gruppen zusammen. Jede Gruppe stellt eine Vermutung über das heutige Stundenthema auf.
- Die Gruppe geht zum Barkeeper und bearbeitet dort für ihre fünf weißen Jetons mündlich die entsprechende Aufgabe (vgl. Kurzanleitung, Zeile I).
- Ist die Antwort richtig, erhält die Gruppe vom Barkeeper gemäß der Kurzanleitung einen blauen Gruppenjeton und die Schüler erfahren so, dass als Nächstes der blaue Tisch bearbeitet werden muss.
- Bei einer falschen Antwort berät sich die Gruppe mit der Lehrperson und erhält erst dann den blauen Gruppenjeton.
- Alle Forscheraufträge am blauen Tisch werden bearbeitet. Die Gruppe geht anschließend wieder zum Barkeeper, setzt ihren blauen Jeton ein und bearbeitet die Aufgabe aus Zeile II der Kurzanleitung.
- Dieser Ablauf wiederholt sich: Am grünen Tisch wird das Aufgabenblatt bearbeitet, am roten und schwarzen Tisch werden die Wahrscheinlichkeiten bestimmt.
- Zum grünen Gruppenjeton bekommt jeder Schüler der Gruppe zusätzlich einen Definitionsabschnitt (KV).
- Am Ende erhalten die Schüler eine Belohnung.

DIFFERENZIERUNG

Es können kleinere Übungseinheiten eingeschoben werden (vgl. „Zufall und Wahrscheinlichkeit üben", S. 158).

Kurzanleitung

	Einsatz	Aufgabe → Antwort	Gruppengewinn → nächster Tisch
I	5 weiße Jetons	Beschreibt, worum es in der heutigen Stunde geht. → Zufall, Wahrscheinlichkeit.	blauer Jeton → blauer Tisch
II	1 blauer Jeton	Beschreibt das Herausgefundene. → Zufall entscheidet.	grüner Jeton und Definitionsabschnitt → grüner Tisch
III	1 grüner Jeton	Beschreibt den Begriff „(Laplace-)Wahrscheinlichkeit".	roter Jeton → roter Tisch
IV	1 roter Jeton	Beschreibt die Begriffe „sicheres und unmögliches Ereignis".	schwarzer Jeton → schwarzer Tisch
V	1 schwarzer Jeton	Beschreibt die Summen- und die Komplementärregel.	Belohnung

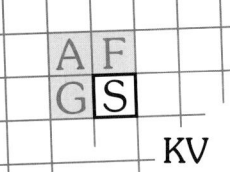

Zufall und Wahrscheinlichkeit –
Tisch-Material und Definitionsabschnitt (1/2)

Forschungsaufträge für den blauen Tisch

Forschungsauftrag „Würfel"

Theo und Anton streiten sich, wer heute an den Computer darf. Sie wollen die Entscheidung über einen Würfel herbeiführen.
Theo schlägt Folgendes vor: „Wenn du beim 3-maligen Würfeln eine Sechs würfelst, darf ich an den Computer, sonst du."
Anton findet den Vorschlag fair.
Probiert es aus und überlegt, was ihr von Theos Vorschlag haltet.

Forschungsauftrag „Würfel & Münzen"

Frau Bär erwürfelte aus Spaß mit ihrer Klasse die Noten der letzten Klassenarbeit. Demnach gab es circa ein Drittel Fünfer und Sechser. Paul schlägt vor, statt des Würfels fünf Münzen zu werfen. Die Anzahl der vorkommenden „Köpfe" werden mit Eins addiert und bilden die neuen Noten. Ob die Arbeit nun besser ausfallen wird? Probiert die beiden Verfahren zur Notengebung aus und vergleicht sie miteinander.

Forschungsauftrag „Münze"

Bei einem Knobelspiel haben Svenja, Felix und André nur zwei Münzen zur Verfügung.
Svenja: „Wir werfen zwei Münzen. Wenn 2-mal „Kopf" auftaucht, gewinnt André. Ist der Kopf einmal zu sehen, gewinnt Felix. Erscheint keinmal der „Kopf", gewinne ich.
Was haltet ihr von der Regel? Ist sie fair? Woran erkennt ihr eine faire Spielregel?

Forschungsauftrag „Karten"

Karsten und Olli ziehen je eine Karte aus einem 32er-Skatspiel. Kreuz gewinnt gegen Pik, Pik gegen Herz, Herz gegen Karo. Wer gewinnt die meisten Spiele?

Beispielaufgaben für das Aufgabenblatt am grünen Tisch

Aufgabe 1
Bestimme die Wahrscheinlichkeit,
a) aus einem 32er-Kartenspiel die Herzdame zu ziehen.
b) mit einem Würfel eine Sechs zu würfeln.
c) von sieben Streichhölzern (sechs langen und einem kurzen) blind das kurze zu ziehen.

Aufgabe 2
In einer Lostrommel befinden sich 67 schwarze, 17 rote und 6 weiße Lose.
Bestimme die Wahrscheinlichkeit,
a) ein schwarzes
b) ein rotes
c) ein weißes Los zu ziehen.

Lösungen (in veränderter Reihenfolge): $\frac{17}{90}$, $\frac{1}{32}$, $\frac{1}{7}$, $\frac{1}{15}$, $\frac{67}{90}$, $\frac{1}{6}$

Aufgabenblatt für den roten Tisch

Mensch, ärgere dich nicht!

Bestimme die Wahrscheinlichkeit, dass bei der abgebildeten Spielsituation der …
- gelbe Spieler beim nächsten Wurf mit seiner dritten Spielfigur ins Spiel kommt.
- blaue Spieler beim nächsten Wurf mit seiner vierten Spielfigur ins Spiel kommt.
- blaue Spieler beim nächsten Wurf eine rote Spielfigur rausschmeißt.
- blaue Spieler beim nächsten Wurf mit einer Spielfigur auf ein Zielfeld kommt.
- gelbe Spieler beim nächsten Wurf eine grüne Spielfigur schmeißt.
- rote Spieler beim nächsten Wurf eine andere Spielfigur rausschmeißt.
- rote Spieler beim nächsten Wurf vorrückt.

Lösungswort: _ _ _ _ _ _ _ _
(Hauptstadt eines europäischen Landes)

© Verlag an der Ruhr | Autorinnen: K. Barth, S. Müller | ISBN 978-3-8346-2400-0 | www.verlagruhr.de

Zufall und Wahrscheinlichkeit –
Tisch-Material und Definitionsabschnitt (2/2)

Aufgabenblatt für den schwarzen Tisch

Würfel-Wahrscheinlichkeiten

P (ungerade Augenzahl bei einmaligem Würfeln mit einem Würfel) = _____

P (gerade Augenzahl bei einmaligem Würfeln mit einem Würfel) = _____

P (keine 4 bei einmaligem Würfeln mit einem Würfel) = _____

P (Primzahl bei einmaligem Würfeln mit einem Würfel) = _____

P (durch 3 teilbare Zahl bei einmaligem Würfeln mit einem Würfel) = _____

P (durch 2 oder 3 teilbare Zahl bei einmaligem Würfeln mit einem Würfel) = _____

P (höchstens eine 4 bei einmaligem Würfeln mit einem Würfel) = _____

P (mindestens eine 3 bei einmaligem Würfeln mit einem Würfel) = _____

P (gerade Augensumme bei einmaligem Würfeln mit zwei Würfeln) = _____

P (ungerade Augensumme bei einmaligem Würfeln mit zwei Würfeln) = _____

P (Augensumme 2 bei einmaligem Würfeln mit zwei Würfeln) = _____

P (Augensumme 13 bei einmaligem Würfeln mit zwei Würfeln) = _____

P (Augensumme > 5 bei einmaligem Würfeln mit zwei Würfeln) = _____

P (Augensumme < 2 bei einmaligem Würfeln mit zwei Würfeln) = _____

P (Augenprodukt 12 bei einmaligem Würfeln mit zwei Würfeln) = _____

P (Augenprodukt 27 bei einmaligem Würfeln mit zwei Würfeln) = _____

P (Pasch bei einmaligem Würfeln mit zwei Würfeln) = _____

P (benachbarte Augenzahlen bei einmaligem Würfeln mit zwei Würfeln) = _____

Definitionsabschnitt

Zufallsexperimente sind Versuche, bei denen man das Ergebnis nicht vorhersagen kann. Sie „hängen vom Zufall ab". Es lassen sich allerdings alle möglichen Ergebnisse in einer **Ergebnismenge S** angeben, z. B. Würfel: S = {1, 2, 3, 4, 5, 6}.

Haben alle möglichen Ergebnisse eines Zufallsversuchs die gleiche Chance, so sagt man, dass jedes Ergebnis gleich wahrscheinlich ist. Der Wert, mit dem ein bestimmtes Ergebnis erwartet wird, heißt (Laplace-)**Wahrscheinlichkeit**.

$$\text{Wahrscheinlichkeit P eines Ergebnisses} = \frac{1}{\text{Anzahl aller möglichen Ergebnisse}}$$

z. B. $P \text{ (eine 1 würfeln)} = \frac{1}{6}$

Manchmal können mehrere mögliche Ergebnisse zum Erfolg führen. Diese Ergebnisse heißen günstige Ergebnisse. Alle günstigen Ereignisse bilden ein Ereignis:

$$\text{Wahrscheinlichkeit eines Ereignisses} = \frac{\text{Anzahl der günstigen Ergebnisse}}{\text{Anzahl aller möglichen Ergebnisse}}$$

z. B. $P \text{ (eine 1 oder 2 würfeln)} = \frac{2}{6} = \frac{1}{3}$

© Verlag an der Ruhr | Autorinnen: K. Barth, S. Müller | ISBN 978-3-8346-2400-0 | www.verlagruhr.de

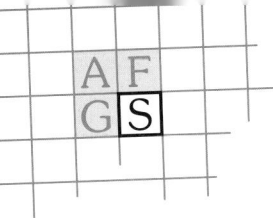

Zufall und Wahrscheinlichkeit –
Jeton-Wettstreit in der Casino-Bar

Üben

Inhaltsbezogene Kompetenz:
Verwenden von einstufigen Zufallsversuchen zur
Darstellung zufälliger Erscheinungen in alltäglichen
Situationen, Bestimmen von Wahrscheinlichkeiten
bei einstufigen Zufallsexperimenten mithilfe von
Laplace

Prozessbezogene Kompetenz:
AK11, P14, M04, M05

Sozialform: PA in GA (2 Gruppen)

Zeit: 45 min

Material:
24 selbst erstellte Aufgabenkarten mit Lösungen,
18 Würfel, 2 Säckchen, 250 Jetons, 1 Wäscheklammer
pro S (halb und halb in 2 Farben), 2 Wäscheklammern
(in 2 Farben), Tätigkeitsliste (siehe Tabelle unten),
2 Schülerlisten

VORBEREITUNG Die Lehrperson erstellt zu jedem der vier Themen „Zufall", „Wahrschein-
lichkeit/Laplace", „Ereignis" und „Summen-/Komplementärregel" sechs
Aufgabenkarten (vgl. Lehrbuch) und nummeriert die Aufgaben eines
jeden Themas von eins bis sechs durch. Für jedes Thema wird ein
Lösungsblatt (sechs Lösungswege und sechs Lösungen) erstellt.
Die Aufgabenkarten werden auf vier Thementischen ausgelegt, die
jeweils mit einem Würfel bestückt und entsprechend der folgenden
Zuordnungen mit den Würfelzahlen eins bis fünf gekennzeichnet sind:

⚀	→ Zufall	⚃	→ Summen-/Komplementärregel
⚁	→ Wahrscheinlichkeit/Laplace	⚄	→ Wahrscheinlichkeit/Laplace
⚂	→ Ereignis	⚅	→ freie Tischwahl

*(Der „Wahrscheinlichkeit/Laplace"-
Tisch erhält also die Kennzeichnung
„2 und 5".)*

Die beiden Säckchen werden gleichmäßig mit Jetons befüllt, je mit
einer Wäscheklammer gekennzeichnet (in den beiden Gruppenfarben)
und an die Enden einer „Haupttheke" (z. B. Lehrertisch) gelegt. Vier
„Nebentheken" werden je einem Thema zugeordnet und entsprechend
gekennzeichnet. Auf ihnen werden jeweils das dazugehörige Lösungsblatt, zwei Würfel und eine Tätigkeitsliste (siehe Tabelle) ausgelegt.
Es empfiehlt sich, die Tätigkeiten vorab zu demonstrieren.

Tätigkeitsliste

Gewinn =	1 Jeton	2 Jetons	3 Jetons
1	alle vier Wände je 3-mal berühren (joggen)	*nicht möglich*	
2	einmal rückwärts von Wand zu Wand laufen	3-mal	5-mal
3	einmal Froschhüpfen von Wand zu Wand	3-mal	5-mal
4	einmal Entengang von Wand zu Wand	3-mal	5-mal
5	einmal Schubkarre von Wand zu Wand (PA)	3-mal	5-mal
6	einmal Spinnengang von Wand zu Wand	3-mal	5-mal
7	einmal Huckepack von Wand zu Wand (PA)	3-mal	5-mal
8	10 sec Liegestützhalte auf Ellenbogen	15 sec	20 sec
9	einmal auf allen Vieren von Wand zu Wand	3-mal	5-mal
10	10 sec Handstand an der Wand	15 sec	20 sec
11	einmal auf einem Bein hüpfen von Wand zu Wand	3-mal	5-mal
12	freie Wahl der Übung	*siehe Übung*	

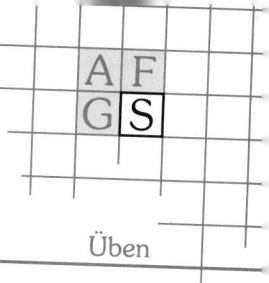
Jeder Schüler zieht blind eine Wäscheklammer und befestigt diese gut sichtbar an seiner Kleidung. Alle Schüler einer Farbe bilden eine Gruppe.

Die Lehrperson setzt sich mit einem Jeton pro Schüler, vier Würfeln, der Zuordnungstabelle (siehe links) als Barkeeper an die Haupttheke. Dort liegen außerdem zwei Schülerlisten (eine für jede Gruppe, siehe Beispiel unten), in denen jeweils abgehakt wird, welches Thema bearbeitet wurde.

Namen rote Gruppe	Zufall	Wahrscheinlichkeit/ Laplace	Ereignis	Summen-/ Komplementärregel
Ole	✓		✓	
Lea		✓	✓	
...				

VERLAUF

- Die Tätigkeit 1 wird gemeinsam durchgeführt, jeder Schüler erhält nach erfolgreicher Ausführung der Übung einen Jeton.
- Beim Barkeeper erwürfeln sich die Schüler mit einem Würfel den zu bearbeitenden Tisch (vgl. Zuordnungstabelle).
- An dem erwürfelten Thementisch würfelt jeder Schüler erneut und bearbeitet die der Augenzahl entsprechende Aufgabenkarte.
- Ist ein Schüler fertig, geht er zu der seinem Thema entsprechenden Nebentheke. Sobald dort ein Schüler der anderen Gruppe eintrifft, kontrollieren die beiden mithilfe des Lösungsblattes gegenseitig den Lösungsweg und die Lösung ihrer Aufgaben.
- Ist die Aufgabe richtig gelöst, bekommt man vom „Prüfer" vier Jetons aus dem Jeton-Vorrat (Gruppensäckchen) der „Prüfergruppe" an der Haupttheke. (Die Jetons können auch nach der nächsten Tätigkeit gegeneinander aufgerechnet und erst dann aus den Säckchen genommen werden). Ist sie nicht richtig gelöst, wird sie korrigiert. Der Schüler mit der falschen Lösung erhält keine Jetons.
- Die beiden Schüler erwürfeln mit den zwei Würfeln die nächste Tätigkeit und führen sie durch. Bei den PA-Übungen müssen beide die Aufgabe durchführen (Rollentausch). Die durch die Tätigkeit gewonnenen Jetons werden mit den Jetons der richtig berechneten Aufgaben verrechnet.
- Die beiden Schüler gehen nun zur Haupttheke und zahlen sich gegenseitig aus. Jeder Schüler holt die Jetons, die der Gegner gewonnen hat, aus seinem Gruppensäckchen und legt die eigenen gewonnenen Jetons in sein eigenes Gruppensäckchen. Der Barkeeper hakt in den Schülerlisten das bearbeitete Thema ab.
- Der Ablauf beginnt erneut: Die Schüler entnehmen ihrem Gruppensäckchen einen Jeton, geben diesen beim Barkeeper ab und dürfen dann einzeln den nächsten Thementisch erwürfeln.
- Die Lehrperson sollte zwischendurch die Gruppensäckchen kontrollieren. Falls eines fast leer ist, werden beide Säckchen gleichmäßig aufgefüllt, damit die Einheit weitergehen kann, das Endergebnis aber nicht beeinflusst wird.

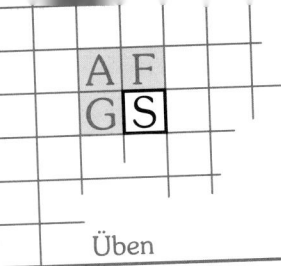

Zufall und Wahrscheinlichkeit –
Jeton-Wettstreit in der Casino-Bar

- Jeder Schüler muss zu jedem der vier Themen mindestens eine Aufgabe richtig gelöst haben.
- Um sich ein Wunschthema zu erkaufen (z. B. wenn einem Schüler das Thema „Zufall" noch fehlt, er aber partout keine Eins oder Sechs würfelt), müssen sieben Jetons aus dem Gruppensäckchen der eigenen Gruppe beim Barkeeper bezahlt werden.
- Hat ein Schüler schon zwei Aufgaben von einem Thema richtig gelöst, kann ein anderer Schüler der eigenen Gruppe sich diese Aufgabe bzw. einen entsprechenden Haken in der Schülerliste erkaufen, indem er dem Barkeeper fünf Jetons aus dem eigenen Gruppensäckchen bezahlt. Letzterer vermerkt den Handel in der Schülerliste.
- Die Einheit ist beendet, wenn in beiden Listen bei jedem Schüler zu jedem der vier Themen ein Haken steht. Dann werden die Jetons in den Gruppensäckchen ausgezählt: Die Gruppe mit den meisten Jetons gewinnt. (Mögliche „Strafarbeit" für die Verlierer: einen Tag lang Bediensteter eines Schülers der Gewinnergruppe sein.)

DIFFERENZIERUNG

- Die vier Themen können auch einzeln und nacheinander bearbeitet werden: Alle Tische haben dann dasselbe Thema (z. B. „Ereignis"). An jedem Tisch liegen sechs Aufgaben des entsprechenden Themas und die Schüler müssen von jedem Tisch eine Aufgabe lösen.
- Es können andere Tätigkeiten in die Tätigkeitsliste geschrieben werden.

> **Hinweis:** *Die einzelnen Teile dieser Übungseinheit eignen sich gut als Zwischenübungen in der Einheit „Zufall und Wahrscheinlichkeit verstehen" (S. 154).*

Mehrstufige Zufallsversuche – *Damenwahl*

Inhaltsbezogene Kompetenz:
Verwenden von ein- oder zweistufigen Zufallsversuchen mithilfe von Baumdiagrammen zur Darstellung zufälliger Erscheinungen in alltäglichen Situationen; Bestimmen von Wahrscheinlichkeiten bei zweistufigen Zufallsexperimenten mithilfe der Pfadregeln

Prozessbezogene Kompetenz:
AK11, P12, M04, M05

Sozialform: GA (5er- bis 8er-Gruppen)

Zeit: 45 min

Material:
1 Säckchen pro Gr, Arbeitsblatt und Tanzkarten (KV)

VORBEREITUNG
Die Gruppen werden so gebildet, dass mindestens zwei Jungen und zwei Mädchen in jeder Gruppe sind. Jede Gruppe bekommt ein Säckchen mit je vier Tanzkarten (KV) und das Arbeitsblatt (KV) für jeden Schüler.

VERLAUF
- Die Gruppen bilden Tanzpaare und müssen durch Aufstellen herausfinden, wie viele Möglichkeiten es dabei gibt.
- Anschließend wird auf dem Arbeitsblatt das Baumdiagramm (vgl. Beispiel unten) entsprechend der aufgestellten Möglichkeiten ausgefüllt (Aufgabe 1), die Äste mit Wahrscheinlichkeiten beschriftet (Aufgabe 2) und verschiedene Wahrscheinlichkeiten berechnet (Aufgabe 3; Pfadadditions- und Pfadmultiplikationsregel).
- Jeder Junge zieht eine Tanzkarte (Aufgabe 4). Jeder Schüler zeichnet ein Baumdiagramm mit drei Stufen aus der Sicht eines Jungen (Aufgabe 5), beschriftet dieses (Aufgabe 6) und berechnet verschiedene Wahrscheinlichkeiten (Aufgabe 7; Pfadadditions- und Pfadmultiplikationsregel).

$P(\text{Lutz und Maya}) = \frac{1}{4} \cdot \frac{1}{3} = \frac{1}{12}$

$P(2 \text{ Pärchen je } \male + \female)$

$= \frac{1}{4} \cdot \frac{1}{3} + \frac{1}{4} \cdot \frac{1}{3} = 2\left(\frac{1}{4} \cdot \frac{1}{3}\right) = \frac{1}{6}$

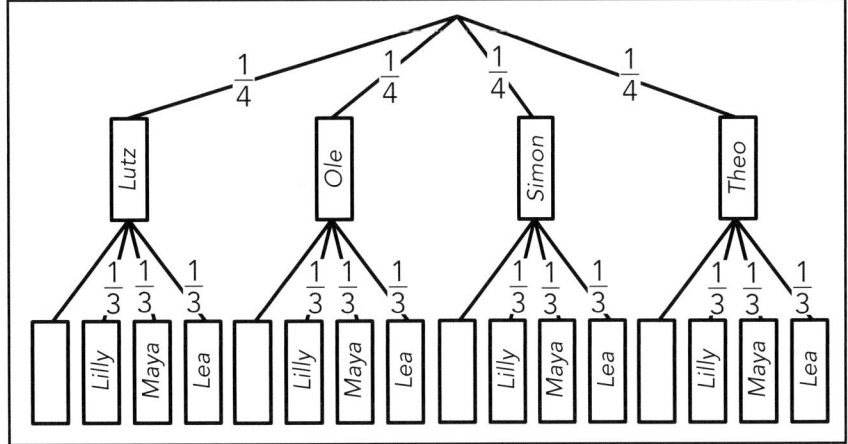

DIFFERENZIERUNG
- Die Einheit kann auch mit genau gleicher Anzahl von Jungen und Mädchen pro Gruppe durchgeführt werden.
- Die Tanzkarten haben die gleiche Anzahl an Tänzen.
- Es bietet sich an, die Einheit fächerübergreifend mit dem Fach Sport (Thema „Standardtänze") zu bearbeiten.

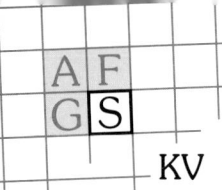

Mehrstufige Zufallsversuche –
Arbeitsblatt und Tanzkarten

KV

Arbeitsblatt

Aufgaben:

Stelle dir vor, ihr seid in einer Tanzschule und sollt Tanzpaare bilden.

1. Fülle das Baumdiagramm aus deiner Sicht aus. In die linken Kästchen (1. Stufe) kommen die Namen der Gruppenmitglieder deines Geschlechts (auch dein eigener). In die rechten Kästchen (2. Stufe) notierst du die Namen der Gruppenmitglieder des anderen Geschlechts. (Dabei müssen nicht alle Kästchen beschriftet sein.)

2. Beschrifte die einzelnen Äste mit den Wahrscheinlichkeiten. Überlege dazu zunächst, wie wahrscheinlich es ist, eine bestimmte Person der 1. Stufe auszuwählen, und danach, wie wahrscheinlich es ist, eine bestimmte Person der 2. Stufe zu wählen.

3. a) Bestimme P(ich und mein[e] Wunschpartner[in]):

   _____

   b) Überlege, wie du 3a) rechnerisch herausfinden

   kannst: _____

   c) Bestimme P(2 Pärchen je ♂ + ♀): _____

4. Jeder Junge zieht eine Tanzkarte aus dem Säckchen. Darauf sind verschiedene Tänze angegeben, die zur Auswahl stehen.

5. Erstelle ein dreistufiges Baumdiagramm aus der Sicht eines Jungen (1. Stufe: ♂, 2. Stufe: ♀, 3. Stufe: Tanz).

6. Beschrifte die einzelnen Äste mit Wahrscheinlichkeiten.

7. a) Bestimme P(Ich [♂] tanze mit [verschiedener] Wunschpartnerin Discofox): _____

   b) Bestimme P(Jeder ♂ tanzt mit [verschiedener] Wunschpartnerin Samba): _____

   c) Überlege, wie du 7b) rechnerisch herausfinden kannst:

   _____

Tanzkarten

Discofox Samba Cha-Cha-Cha Tango	Discofox Samba Jive	Discofox Samba Langsamer Walzer	Discofox Samba

© Verlag an der Ruhr | Autorinnen: K. Barth, S. Müller | ISBN 978-3-8346-2400-0 | www.verlagruhr.de

Mehrstufige Zufallsversuche –
Mensch, ärgere das Glücksrad!

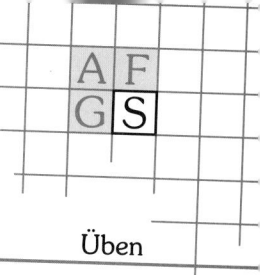

Inhaltsbezogene Kompetenz:
Verwenden von ein- oder zweistufigen Zufallsversuchen mithilfe von Baumdiagrammen zur Darstellung zufälliger Erscheinungen in alltäglichen Situationen, Bestimmen von Wahrscheinlichkeiten bei zweistufigen Zufallsexperimenten mithilfe der Pfadregeln

Prozessbezogene Kompetenz:
AK08, P08, P13, M04

Ort: Klassenraum, Flur

Sozialform: EA

Zeit: 45 min

Material:
Glücksrad (KV), selbst erstelltes Arbeits- und Lösungsblatt, 1 „Mensch, ärgere dich nicht!"-Spiel

VORBEREITUNG

Das Glücksrad wird von der Lehrperson gemäß der Anleitung auf der KV hergestellt und im Klassenraum aufgestellt. Außerdem wird ein Arbeitsblatt mit 16 Aufgaben zum Thema „Mehrstufige Zufallsversuche" (vgl. Lehrbuch) sowie ein passendes Lösungsblatt erstellt. Das Arbeitsblatt, auf dem die Aufgaben durch die Zahlen 1 bis 16 gekennzeichnet sind, wird sichtbar gemacht. Das Lösungsblatt wird 5-mal kopiert und im Raum verteilt ausgelegt.
Im Flur werden ein Tisch, vier Stühle und das „Mensch, ärgere dich nicht!"-Spiel positioniert.

VERLAUF

- Vier Spieler werden ausgelost: Sie setzen sich auf dem Flur an den Tisch und beginnen eine Partie „Mensch, ärgere dich nicht!".
- Jeder Schüler löst die Aufgabe, die seiner Lieblingszahl zwischen 1 und 16 entspricht.
- Die Aufgabe wird anhand eines Lösungsblattes kontrolliert.
- Wurde sie richtig gelöst, darf der Schüler das Glücksrad drehen. Er geht auf den Flur und löst den Spieler der erdrehten Farbe beim Spiel ab. Darüber hinaus bestimmt die erdrehte Zahl die Aufgabe, die der Schüler lösen muss, sobald er selbst abgelöst wird und wieder ins Klassenzimmer zurückkehrt (erdreht ein Schüler eine Zahl, deren Aufgabe er bereits bearbeitet hat, darf er noch einmal drehen).
- Wurde die Aufgabe nicht richtig gelöst, muss der Schüler sie korrigieren und dreht anschließend das Glücksrad lediglich für eine neue Aufgabe. Er darf nicht im Flur spielen.

DIFFERENZIERUNG

- Der Schwierigkeitsgrad der Aufgaben kann dem Leistungsniveau der Schüler angepasst werden.
- Die Schüler können auch in vier Gruppen entsprechend der Spielfarben eingeteilt werden. Sie dürfen beim „Mensch, ärgere dich nicht!" nur diese Farbe ersetzen und erdrehen nur die Aufgabe. In diesem Fall bietet es sich an, den Schwierigkeitsgrad der Aufgaben den einzelnen Gruppen anzupassen.

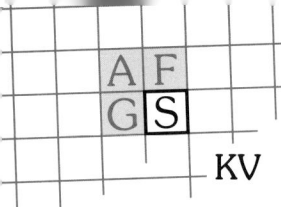

Mehrstufige Zufallsversuche –
Bastelanleitung Glücksrad

Benötigtes Material:

- Glücksradvorlage (s. u.)
- Buntstifte (gelb, rot, grün und blau)
- Kleber
- 1 leere CD-Spindel
- 1 alte CD
- 2 Gummibänder

Anleitung:

Die Tortenstücke der Glücksradvorlage werden folgendermaßen ausgemalt:

1, 5, 9 und 13 in gelb,

2, 6, 10 und 14 in rot,

3, 7, 11 und 15 in grün und

4, 8, 12 und 16 in blau.

Nun wird die Vorlage ausgeschnitten. In ihrer Mitte wird ein ausreichend großes Loch (wie bei einer CD) geschnitten. Die Glücksradvorlage wird nun auf eine alte CD geklebt.

An dem Ständer der CD-Spindel wird an einer Stelle ein Gummiband eng befestigt. Darüber wird die beklebte CD gestülpt. Oberhalb der CD wird ein weiteres Gummiband eng befestigt, sodass die CD nicht abspringt, sich aber noch gut drehen kann.

Der „Zeiger" wird auf dem Rand der CD-Spindel markiert.

Glücksradvorlage:

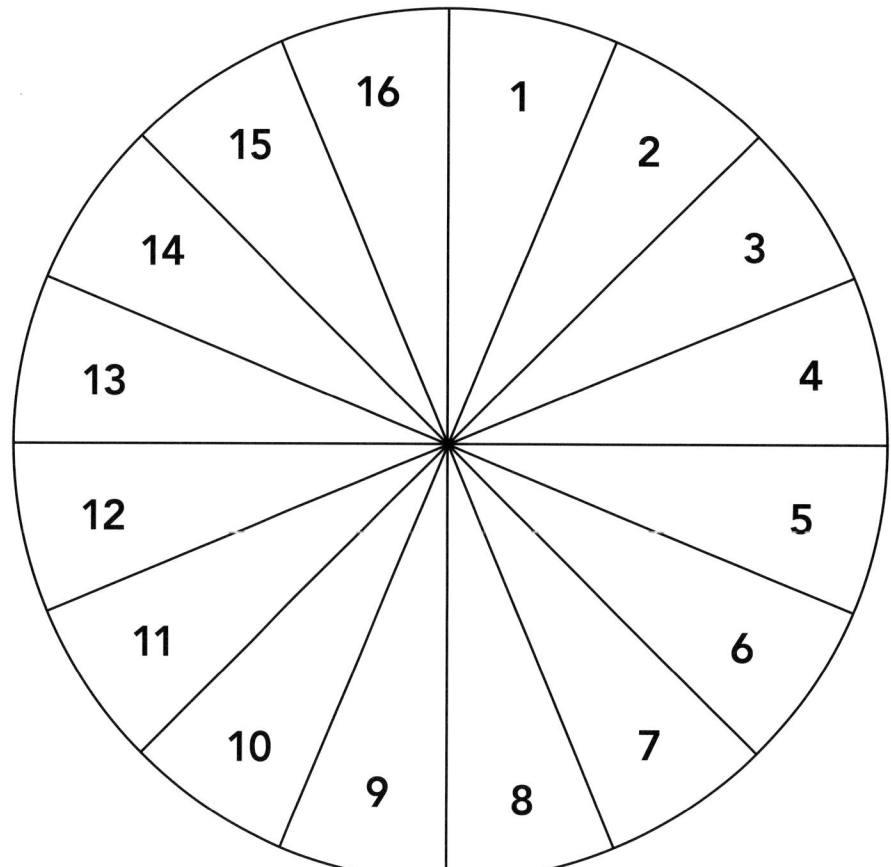

© Verlag an der Ruhr | Autorinnen: K. Barth, S. Müller | ISBN 978-3-8346-2400-0 | www.verlagruhr.de

Anhang

Blanko-Kopiervorlage (BKV)

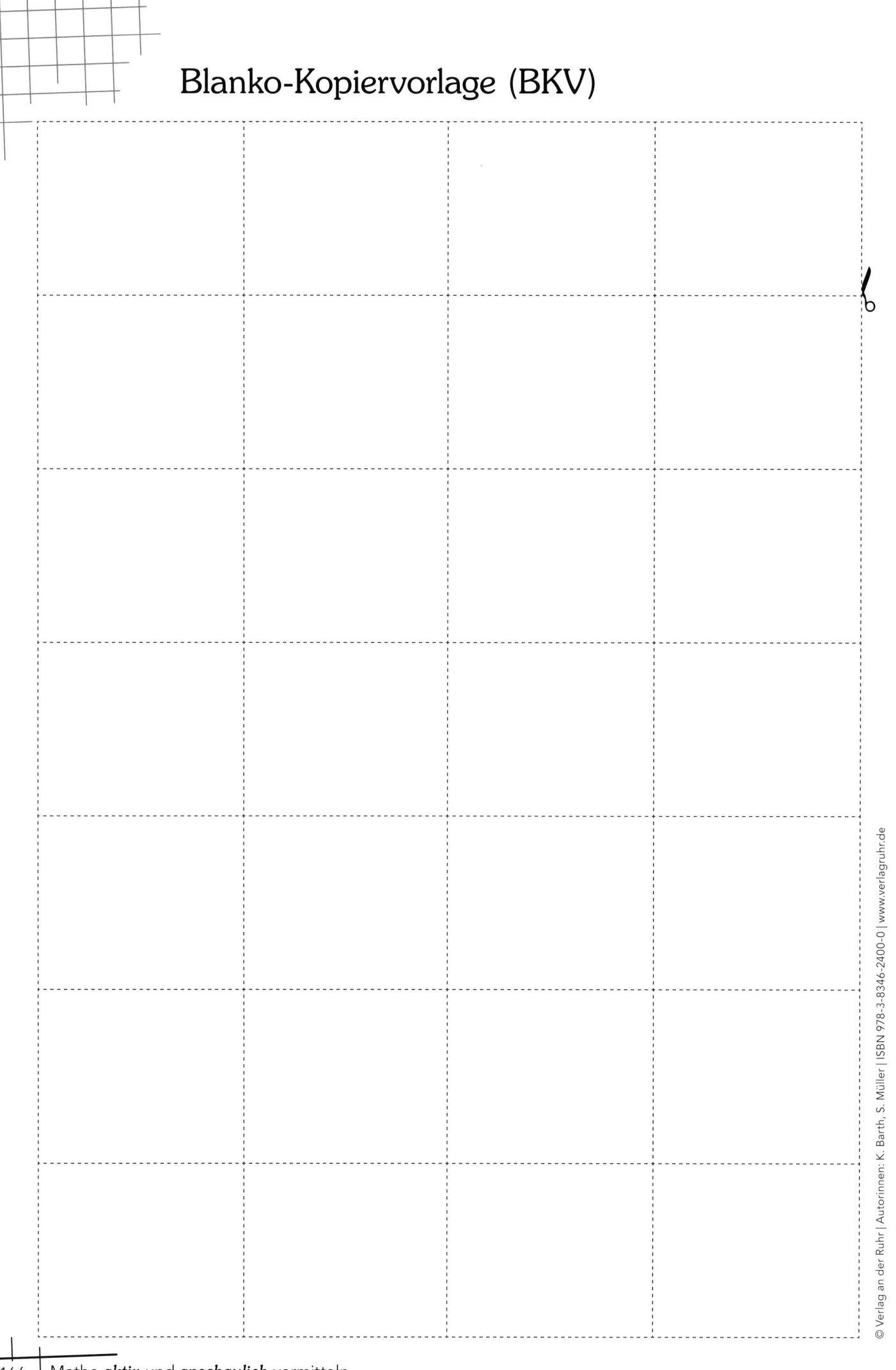

© Verlag an der Ruhr | Autorinnen: K. Barth, S. Müller | ISBN 978-3-8346-2400-0 | www.verlagruhr.de

Tabellarische Übersicht der prozessbezogenen Kompetenzen

ARGUMENTIEREN/KOMMUNIZIEREN –
kommunizieren, präsentieren, argumentieren

AK01 Wiedergeben von Informationen aus einfachen mathematikhaltigen Darstellungen (Text, Bild, Tabelle) mit eigenen Worten

AK02 Erläutern mathematischer Sachverhalte, Begriffe, Regeln und Verfahren mit eigenen Worten und geeigneten Fachbegriffen

AK03 Arbeiten bei der Lösung von Problemen im Team

AK04 Sprechen über eigene und vorgegebene Lösungswege, Ergebnisse und Darstellungen und Finden, Erklären sowie Korrigieren von Fehlern

AK05 Präsentieren von Ideen und Ergebnissen in kurzen Beiträgen

AK06 In-Beziehung-Setzen von Begriffen an Beispielen (z. B. Produkt und Fläche; Quadrat und Rechteck; natürliche Zahlen und Brüche; Länge, Umfang, Fläche und Volumen)

AK07 Intuitives Nutzen verschiedener Arten des Begründens (Beschreiben von Beobachtungen, Plausibilitätsüberlegungen, Angeben von Beispielen und Gegenbeispielen

AK08 Ziehen von Informationen aus mathematikhaltigen Darstellungen (Text, Bild, Tabelle, Graph) und Strukturieren sowie Bewerten dieser

AK09 Ziehen, Analysieren und Beurteilen von Informationen aus einfachen authentischen Texten und mathematischen Darstellungen

AK10 Erläutern von Arbeitsschritten bei mathematischen Verfahren (Konstruktionen, Rechenverfahren, Algorithmen) mit eigenen Worten und geeigneten Fachbegriffen

AK11 Vergleichen und Bewerten von Lösungswegen, Argumentationen und Darstellungen

AK12 Präsentieren von Lösungswegen und Problembearbeitungen in kurzen, vorbereiteten Beiträgen und Vorträgen

AK13 Angeben von Ober- und Unterbegriffen und Anführen von Beispielen und Gegenbeispielen (z. B. Proportionalität, Viereck)

AK14 In-Beziehung-Setzen von Begriffen und Verfahren (z. B. Gleichungen und Graphen, Gleichungssysteme und Graphen)

AK15 Nutzen von mathematischem Wissen für Begründungen, auch in mehrschrittigen Argumentationen

AK16 Erläutern mathematischer Zusammenhänge und Einsichten mit eigenen Worten und Präzisieren dieser mit geeigneten Fachbegriffen

AK17 Überprüfen und Bewerten von Problembearbeitungen

AK18 Nutzen von mathematischem Wissen und mathematischen Symbolen für Begründungen und Argumentationsketten

PROBLEMLÖSEN –
Probleme erfassen, erkunden und lösen

P01 Wiedergeben inner- und außermathematischer Problemstellungen in eigenen Worten und Entnehmen von relevanten Größen

P02 Finden möglicher mathematischer Fragestellungen in einfachen Problemsituationen

P03 Ermitteln von Näherungswerten für erwartete Ergebnisse durch Schätzen und Überschlagen

P04 Nutzen elementarer mathematischer Regeln und Verfahren (Messen, Rechnen, Schließen) zum Lösen anschaulicher Alltagsprobleme

P05 Anwenden der Problemlösestrategien „Beispiele finden" und „Überprüfen durch Probieren"

P06 Deuten von Ergebnissen im Bezug auf die ursprüngliche Problemstellung

P07 Untersuchen von Mustern und Beziehungen bei Zahlen und Figuren und Aufstellen von Vermutungen

P08 Planen und Beschreiben von Vorgehensweisen zur Problemlösung

P09 Nutzen von Algorithmen zum Lösen mathematischer Standardaufgaben und Bewerten dieser auf ihre Praktikabilität

P10 Überprüfen mehrerer Lösungen oder Lösungswege bei einem Problem

P11 Anwenden der Problemlösestrategien „Zurückführen auf Bekanntes" (Konstruktion von Hilfslinien, Zwischenrechnungen), „Spezialfälle finden" und „Verallgemeinern"

P12 Nutzen verschiedener Darstellungsformen (z. B. Tabellen, Skizzen, Gleichungen) zur Problemlösung

P13 Überprüfen und Bewerten von Ergebnissen durch Plausibilitätsüberlegungen, Überschlagsrechnungen oder Skizzen

Tabellarische Übersicht der prozessbezogenen Kompetenzen

P14   Überprüfen von Lösungswegen auf Richtigkeit und Schlüssigkeit

P15   Zerlegen von Problemen in Teilprobleme

P16   Anwenden der Problemlösestrategie „Vorwärts- & Rückwärtsarbeiten"

P17   Vergleichen und Bewerten von Lösungswegen und Problemlösestrategien

MODELLIEREN –
Modelle erstellen und nutzen

M01   Übersetzen von Situationen aus Sachaufgaben in mathematische Modelle (Terme, Figuren, Diagramme)

M02   Überprüfen von den im mathematischen Modell gewonnenen Lösungen an der Realsituation

M03   Zuordnen des mathematischen Modells zu einer passenden Realsituation

M04   Übersetzen einfacher Realsituationen in mathematische Modelle (Zuordnungen, lineare Funktionen, Gleichungen, Gleichungssysteme, Zufallsversuche)

M05   Überprüfen von den im mathematischen Modell gewonnenen Lösungen an der Realsituation und ggf. Verändern vom Modell

M06   Zuordnen einer passenden Realsituation zu einem mathematischen Modell (Tabelle, Graph, Gleichung)

M07   Übersetzen von Realsituationen in mathematische Modelle (Tabellen, Graphen, Terme)

WERKZEUGE –
Medien und Werkzeuge verwenden

W01   Nutzen von Lineal, Geodreieck und Zirkel zum Messen und genauen Zeichnen

W02   Nutzen von Präsentationsmedien (z. B. Folie, Plakat, Tafel)

W03   Dokumentieren der eigenen Arbeit, des eigenen Lernwegs und von aus dem Unterricht erwachsenen Merksätzen und Ergebnissen (z. B. Lerntagebuch, Merkheft)

W04   Nutzen mathematischer Werkzeuge (Tabellenkalkulation, Geometriesoftware, Funktionenplotter) zum Erkunden und Lösen mathematischer Probleme

W05   Nutzen von Taschenrechnern

W06   Auswählen und Nutzen eines geeigneten Werkzeugs (Bleistift/Papier, Taschenrechner, Geometriesoftware, Tabellenkalkulation, Funktionenplotter)

W07   Selbstständiges Nutzen von Print- und elektronischen Medien zur Informationsbeschaffung

Quellennachweise

Die Ideen für folgende Einheiten sind auf Grundlage von Anregungen aus bereits bestehenden Publikationen entstanden:

„Winkelsumme im Dreieck üben"
Klippert, Heinz:
Teamentwicklung im Klassenraum – Übungsbausteine für den Unterricht.
Beltz, 1998, S. 154 f.
ISBN 978-3-407-62536-6

„Prozentrechnung verstehen"
Gieritz, Volker:
Wie groß ist mein Anteil?
in Focus Schule, 01/2010, S. 40 f.

„Zufall und Wahrscheinlichkeit verstehen"
Lambacher Schweizer, Ausgabe Nordrhein-Westfalen, Serviceband, 7. Schuljahr.
(Aufgabenidee „Mensch, ärgere dich nicht!")
Klett, 2010, S. 27.
ISBN 978-3-12-734432-5